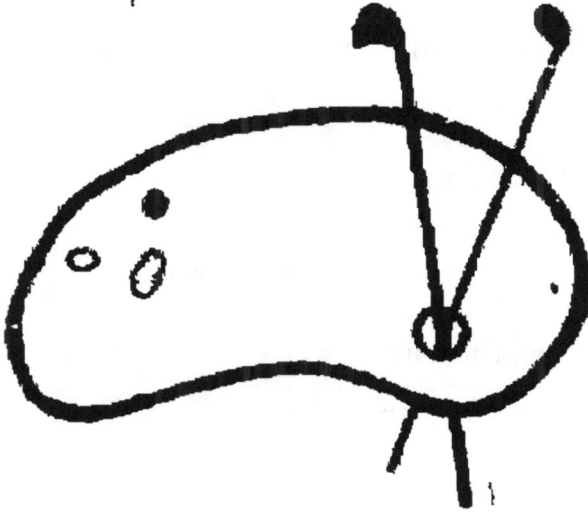

ORIGINAL EN COULEUR

NF Z 43 120-e

LES
HAUTES ÉTUDES PRATIQUES

DANS

LES UNIVERSITÉS D'ALLEMAGNE ET D'AUTRICHE-HONGRIE

DEUXIÈME RAPPORT

PRÉSENTÉ

A M. LE MINISTRE DE L'INSTRUCTION PUBLIQUE

PAR

M. ADOLPHE WURTZ

SÉNATEUR, MEMBRE DE L'INSTITUT
DOYEN HONORAIRE DE LA FACULTÉ DE MÉDECINE DE PARIS.

BERLIN — BUDA-PEST — GRAZ — LEIPZIG — MUNICH

PARIS

G. MASSON, ÉDITEUR

LIBRAIRE DE L'ACADÉMIE DE MÉDECINE

120, Boulevard Saint-Germain, en face de l'École de Médecine

M DCCC LXXXII

LES

HAUTES ÉTUDES PRATIQUES

DANS

LES UNIVERSITÉS D'ALLEMAGNE ET D'AUTRICHE-HONGRIE

CORBEIL — TYP. ET STÉR. CRÉTÉ.

LES
HAUTES ÉTUDES PRATIQUES

DANS

LES UNIVERSITÉS D'ALLEMAGNE ET D'AUTRICHE-HONGRIE

DEUXIÈME RAPPORT

PRÉSENTÉ

A M. LE MINISTRE DE L'INSTRUCTION PUBLIQUE

PAR

M. ADOLPHE WURTZ

SÉNATEUR, MEMBRE DE L'INSTITUT
DOYEN HONORAIRE DE LA FACULTÉ DE MÉDECINE DE PARIS.

BERLIN — BUDA-PEST — GRAZ — LEIPZIG — MUNICH

PARIS

G. MASSON, ÉDITEUR

LIBRAIRE DE L'ACADÉMIE DE MÉDECINE

120, Boulevard Saint-Germain, en face de l'École de Médecine

M DCCC LXXXII

TABLE DES MATIÈRÉS

Lettre a M. le Ministre de l'Instruction publique... 1

Laboratoires de Chimie... 35
    Institut chimique de l'Université de Graz... 35
    Laboratoire de chimie de l'Académie des Sciences de Munich....................... 63
Laboratoire de Physique... 74
    Institut physique de Grazi.. 74
Laboratoires de Physiologie... 80
    Institut physiologique de l'Université de Berlin..................................... 80
    Institut physiologique de Buda-Pest.. 88
Laboratoires d'Anatomie et d'Anatomie pathologique..................................... 103
    Institut anatomique de Leipzig... 103
    Institut pathologique de Berlin.. 114
    Institut pathologique de Munich.. 115
Laboratoire d'Hygiène...
    Institut hygiénique de Munich.. 122

LETTRE

A M. LE MINISTRE DE L'INSTRUCTION PUBLIQUE

MONSIEUR LE MINISTRE,

Dix ans se sont écoulés depuis que j'ai eu l'honneur de présenter à un de vos prédécesseurs un rapport étendu sur les hautes études pratiques dans les universités allemandes [1]. Notre enseignement supérieur, si riche à toutes les époques en talents éclatants, se trouvait alors, en ce qui concerne les moyens de travail dont les savants pouvaient disposer, dans un état de gêne et d'infériorité qui avait frappé beaucoup d'esprits et qui préoccupait à juste titre le ministre éminent alors placé à la tête de l'Université. L'enquête dont je lui ai rendu compte n'est pas demeurée sans résultats ; elle a contribué à faire connaître nos besoins et à créer, en faveur des progrès à accomplir dans l'installation matérielle de nos facultés et de nos écoles, une agitation qui a été féconde et qui dure encore.

Dans cet ordre d'idées, de grandes choses vont être accomplies par la République. Des projets conçus et préparés depuis longtemps, et dont la réalisation était attendue avec impatience, sont entrés dans la période d'exécution.

La Faculté de médecine de Paris, confinée dans un bâtiment dont l'aspect monumental ne parvenait pas à cacher l'insuffisance et, pour les

[1] *Les Hautes Etudes pratiques dans les Universités allemandes*, rapport présenté à Son Excellence M. le Ministre de l'instruction publique, 1 volume gr. in-4, avec 17 planches et 26 figures dans le texte. Paris, Imprimerie Impériale, 1870.

HAUTES ÉTUDES.

services pratiques, dans des masures sans air et sans lumière, est enfin réédifiée sur une large surface qu'il faudra peut-être élargir encore [1]. Les nouvelles Facultés de Lyon et de Bordeaux pourront s'installer, dans peu d'années, dans des locaux appropriés à leurs besoins. Celle de Lille attend son installation, et celle de Nancy, héritière si digne de notre ancienne Faculté de Strasbourg, a reçu, sous le rapport de l'organisation de ses services pratiques, une première satisfaction. D'un autre côté, un projet de loi sur la reconstruction et l'agrandissement de notre vieille Sorbonne est soumis aux Chambres législatives, après examen préalable de la part des facultés intéressées, de l'administration supérieure et du conseil municipal de la ville de Paris, dont le concours est assuré. Ce sont là de grands travaux en cours d'exécution ou à entreprendre dans un avenir prochain. En attendant que l'impulsion ainsi donnée puisse se propager dans tous les centres d'instruction supérieure, aucun d'eux n'a été oublié, et des améliorations partielles ont été introduites partout.

En même temps que les ressources dont les établissements peuvent disposer étaient ainsi augmentées, les positions des membres du corps enseignant ont été améliorées et l'enseignement lui-même a été fortifié par de nombreuses créations de chaires et par l'institution des maîtres de conférences. Ce sont là des efforts sérieux qui seront suivis par des efforts plus grands encore, le jour où le projet de loi sur l'enseignement supérieur pourra être présenté, discuté utilement et adopté par les Chambres.

L'Université a besoin d'être fortifiée ; une nouvelle ère a commencé pour elle depuis qu'elle soutient, à tous les degrés, la concurrence avec l'enseignement libre. Fortement organisée au commencement du siècle, elle a

---

[1] Depuis la rédaction de ce Rapport (nov. 1878), cette prévision s'est réalisée. Dans le périmètre agrandi qui lui a été attribué, la Faculté de médecine trouvera les emplacements nécessaires pour installer convenablement ses services pratiques. Puisse-t-il en être de même pour la Faculté des sciences de Paris, si longtemps abandonnée, et qui devra concentrer tous les siens, d'après le projet adopté, dans un espace relativement restreint.

pu, pendant une longue période, s'attacher à ses traditions et, sans se reposer, se recueillir dans sa gloire. Aujourd'hui, elle va prendre des allures plus vives et adapter sa marche aux besoins et aux progrès de l'époque actuelle.

Dans l'ordre de l'enseignement scientifique, il ne suffit pas d'assurer la diffusion des vérités acquises par le nombre et l'autorité des professeurs, par la liberté de la parole, par la variété et l'abondance des sujets d'instruction : il est nécessaire aussi de compléter l'enseignement oral par la démonstration des choses, et de fournir à ceux qui sont chargés d'exposer les sciences expérimentales les moyens de les cultiver avec succès. Ils les enseigneront, ils les aimeront d'autant mieux qu'ils les auront perfectionnées eux-mêmes. De là la nécessité d'annexer à chaque établissement scientifique des laboratoires, des musées, des bibliothèques, en un mot, de lui fournir des ressources matérielles importantes, avec une installation qui est devenue compliquée et dispendieuse. Ceci n'est point contesté, mais il n'est pas inutile de le répéter sans cesse ; car peu de personnes savent quels sont au juste les besoins de la science moderne et les exigences légitimes de l'enseignement. Sur le point de donner une vive impulsion aux grands travaux dont j'ai parlé et de demander de nouvelles allocations aux pouvoirs publics qui sont si disposés à les accorder libéralement, vous avez voulu, Monsieur le Ministre, recueillir de nouveaux renseignements sur l'état des hautes études scientifiques dans les universités étrangères, estimant avec raison qu'il ne suffit pas de faire beaucoup, mais qu'il faut bien faire, et que pour cela il est bon de profiter de l'expérience des autres. En me confiant cette mission, vous m'avez posé en même temps diverses questions relatives au régime des laboratoires de recherches ou d'enseignement, aux exercices obligatoires ou facultatifs des étudiants, aux rapports qui existent entre les facultés et les administrations hospitalières, etc...

Je vais répondre à ces questions en exposant les résultats généraux de mon enquête. Quant aux détails, je les réserve pour la suite de ce rapport, où je compte réunir tous les plans et toutes les informations que j'ai pu recueillir au sujet des *instituts* de chimie, de physique, de physiologie, d'anatomie, d'anatomie pathologique, d'hygiène que j'ai visités. La présente publication formera la seconde partie de mon rapport sur les hautes études pratiques dans les universités allemandes, lequel est épuisé depuis longtemps.

I

En France, on a réuni jusqu'ici dans le même bâtiment ou au moins dans le même enclos, tous les services dépendant d'un seul et même établissement. Chaque Faculté forme un tout compacte : ainsi, tous les laboratoires de la Faculté des sciences de Paris, et quels laboratoires ! toutes les salles de collections, toutes les salles de cours qui servent en même temps de salles d'examen, tous ces locaux sont réunis et disposés tant bien que mal dans les vieux bâtiments de la Sorbonne. De même les laboratoires, musées, salles de dissection, etc., de l'École de médecine, étaient concentrés jusqu'ici dans le bâtiment de la Faculté ou dans les locaux insuffisants de l'École pratique. Il en est de même au Collège de France, à l'École de pharmacie, dans nos Facultés de province. Seul, le Muséum d'histoire naturelle, où l'espace est mesuré avec moins de parcimonie, offre l'exemple de la dissémination de quelques laboratoires installés dans des bâtiments spéciaux. Ce qui est l'exception chez nous, est devenu la règle chez nos voisins. En Allemagne, les laboratoires forment aujourd'hui des établissements distincts, jusqu'à un certain point autonomes, et généralement séparés du siège de la Faculté. Ils forment des « instituts particuliers ».

Chacun d'eux, il est vrai, se rattache à une Faculté, mais se trouve placé sous l'autorité immédiate d'un chef responsable, le professeur dirigeant, qui y demeure. La Faculté n'en existe pas moins comme corps. Elle a son siège dans le bâtiment universitaire où elle se rencontre avec les autres Facultés et où se font les cours et les examens qui ont trait à l'enseignement théorique. Ces services n'ont pas besoin de s'étaler largement. Lorsqu'il suffit d'une chaire, d'une table recouverte d'un tapis vert, d'un tableau noir et de banquettes, il est facile de disposer dans un vaste édifice un nombre considérable de salles de toutes dimensions, bien aérées, bien éclairées et dont chacune peut servir plusieurs fois par jour. Il en est ainsi à Berlin, à Vienne, à Munich, à Leipzig, à Bonn, à Heidelberg, à Gœttingen, etc., dans les grandes et dans les petites universités. On construit actuellement à Vienne sur la Ringstrasse, où sont situés tant d'édifices monumentaux, un vaste bâtiment universitaire, une « aula », où les quatre Facultés auront leur siège et distribueront leur enseignement théorique. Dans le même quartier, où se trouve déjà le vaste institut chimique, s'élèveront prochainement un institut physiologique et un institut anatomique.

A Graz, en Styrie, des instituts chimique, physique, physiologique et anatomique ont été récemment construits sur de vastes terrains situés en dehors des remparts et transformés en promenades. La circulation y est facile ; l'air et la lumière y arrivent à flots, car chacun des trois édifices est situé au milieu d'un vaste parterre planté d'arbustes ; un quatrième édifice, qui sera le palais universitaire, va s'élever sur un terrain semblable et complètera ce bel ensemble.

A Leipzig, les instituts chimique, physiologique, anatomique, pathologique, ont été groupés dans un quartier un peu excentrique (*Waisenhausstrasse*), mais pas très éloigné de la « aula » qui est le centre universitaire. Les instituts dont il s'agit sont non seulement disposés pour les recherches expérimentales et les exercices pratiques : chacun d'eux contient une ou plusieurs salles de cours, des salles de collections, des musées, des appartements pour les professeurs et les assistants, et des logements pour les gens de service. C'est le lieu consacré à la culture d'une science expérimentale et à son enseignement théorique et pratique. Autrefois, le même édifice pouvait contenir tous les services dépendant d'une Faculté ou même de toutes les Facultés. Les laboratoires étaient alors des locaux accessoires de peu d'importance, de simples chambres plus ou moins bien appropriées, et quand on ne pouvait pas les placer au rez-de-chaussée, on les reléguait au grenier ou à la cave. Le temps n'est pas très éloigné où le laboratoire du célèbre Henri Rose était situé dans une cave, et où Liebig écrivait dans un grenier sa brochure « sur l'état de la chimie en Prusse ». Cette situation a pris fin en Allemagne. Avec les progrès de la science, les moyens de travail sont devenus plus puissants et plus abondants, les méthodes et les instruments se sont multipliés et perfectionnés, tout en devenant accessibles à un plus grand nombre. On a donc compris que ces installations rudimentaires ne pouvaient suffire ni pour l'enseignement, ni pour l'activité scientifique des professeurs, et l'on a affecté à chaque science expérimentale un bâtiment spécial approprié à ses besoins particuliers. Et ces besoins sont nombreux et divers. Soit qu'il s'agisse de chimie, de physique, de physiologie, d'anatomie, d'anatomie pathologique, d'hygiène, chaque laboratoire doit être disposé d'une façon spéciale, non seulement pour l'aménagement et l'ameublement des pièces, mais encore pour l'orientation, les services généraux, la distribution des locaux, la création et la transmission d'une force motrice, l'éclairage, le chauffage, la ventilation. Tous ces besoins commandent pour ainsi dire la forme extérieure du bâtiment, et déterminent les dispositions architecturales depuis les fondations jusqu'au toit. On voit donc qu'il est impossible d'installer un laboratoire dans la première maison venue, et à plus forte raison de juxtaposer ou de superposer plusieurs

laboratoires dans un vaste édifice, fût-il une caserne ou un palais. Or,
les universités allemandes n'ont pas été construites en vue d'y établir des
laboratoires. Voilà pourquoi on en a fait sortir ces derniers et qu'on a
donné à chacun d'eux la place, l'étendue et l'aménagement qui lui con-
viennent.

Mais quoi ! cette dissémination n'offre-t-elle pas quelques inconvénients
au point de vue de la perte de temps qu'elle peut imposer aux professeurs
et aux étudiants qui doivent se rendre du laboratoire à la Faculté ? Il peut
en être ainsi, mais il ne faut pas exagérer cet inconvénient : n'est-il pas
vrai que les étudiants en médecine de Paris, qui sont dispersés le matin
dans les hôpitaux, souvent très éloignés, se retrouvent dans la journée à
la Faculté pour les cours, les dissections ou les examens ? Je sais bien que
la solution idéale consisterait à réunir tous les services dépendant d'une
même Faculté dans un emplacement assez vaste pour que chacun d'eux
fût convenablement installé, sans gêner le service voisin. Mais il est bien
difficile de trouver de tels emplacements dans les grandes villes [1]. On a
donc fait sagement en Allemagne de rompre avec les traditions du passé,
et l'on fera sagement d'imiter cet exemple, lorsqu'il sera impossible d'a-
dopter la solution idéale indiquée plus haut.

Une faute qu'il faut éviter et qui ne l'a pas été dans quelques établissements que j'ai visités, consiste à donner aux constructions un aspect trop
monumental et à y exagérer le luxe des décorations, non seulement dans
les façades, mais encore dans les dispositions intérieures.

Le luxe est ici hors de saison, et la simplicité qui n'exclut ni les proportions heureuses, ni le bon goût, est mieux adaptée à la dignité et aux

[1] La nouvelle Faculté de médecine de Lyon s'élève sur un terrain de 27,000 mètres et com-
prendra, indépendamment d'un édifice central, quatre corps de bâtiments, où les services pratiques seront parfaitement installés et qui sont comparables aux « Instituts » que j'ai visités en
Allemagne (nov. 1878).

besoins de la science. Ces besoins pourront d'ailleurs s'étendre et varier dans l'avenir, et ce serait une erreur de croire que nous pouvons donner à nos laboratoires une forme définitive et une durée séculaire. Toute dépense superflue serait donc un capital mal placé et dont les intérêts eussent été mieux employés à augmenter les dotations annuelles et les moyens de travail dans les établissements nouvellement créés.

II

INSTITUTS CHIMIQUES

J'ai décrit, dans mon précédent rapport, les instituts chimiques de Berlin, de Vienne, de Gœttingen, de Leipzig, de Heidelberg, de Zurich ; j'ai visité récemment et je décrirai avec plans à l'appui ceux d'Aix-la-Chapelle, de Munich, de Buda-Pest, de Graz. Il me paraît inutile de reproduire ici les considérations générales que j'ai exposées sur l'aménagement et la tenue d'un laboratoire de chimie. Je noterai seulement les progrès qui ont été accomplis récemment en cette matière, et je répondrai à quelques questions qui m'ont été posées par votre administration.

En premier lieu, j'ai pu constater qu'on a amélioré le chauffage et surtout la ventilation dans les laboratoires. On sait quel intérêt s'attache au prompt enlèvement des gaz ou des vapeurs incommodes dans les salles de travail. Une cheminée unique et la hotte traditionnelle y pourvoyaient autrefois, tant bien que mal. Aujourd'hui, le fonctionnement un peu irrégulier des cheminées d'appel a été remplacé par l'action énergique et sûre de ventilateurs mis en mouvement par une machine à vapeur. Ces appareils opèrent soit par aspiration, soit par propulsion d'air. Quelquefois on combine les deux modes par l'action simultanée de deux ventilateurs, dont l'un aspire l'air vicié, et dont l'autre injecte l'air pur. Ce dernier procédé est le plus efficace, mais aussi le plus dispendieux. Il va être appliqué dans le nouveau laboratoire de l'École polytechnique d'Aix-la-Chapelle, un des mieux construits que possède l'Allemagne. Le débit des ventilateurs est d'ailleurs réglé de telle sorte que l'aspiration soit un peu plus forte que l'afflux de l'air injecté ; ce dernier, qui est chauffé en hiver, arrive alors sans perte dans les divers locaux. La température de ces derniers est d'ailleurs accusée par des thermomètres dont les indications sont enregistrées sur un tableau, au moyen d'appareils électriques. Tout cela est fort ingénieux et utile sans doute, mais on peut se demander si l'utilité est en rapport avec les dépenses effectuées. Au reste, le montant de ces dépenses a pu être porté, pour l'établissement dont il s'agit, à un chiffre très élevé, par suite d'une circonstance particulière qu'il m'a paru intéressant de noter. La compagnie d'assurances contre l'incendie de Munich et d'Aix-la-Chapelle est tenue, par une clause de son cahier des charges, à consacrer annuellement la moitié de ses bénéfices à des œuvres d'utilité publique : elle a contribué pour une somme de près de 500,000 fr. aux frais de construction de l'École polytechnique d'Aix-la-Chapelle [1].

Le laboratoire de cette École est disposé pour 110 élèves pratiquants ; celui de Munich, aujourd'hui le plus grand de l'Allemagne, peut en recevoir 150. Dans ce dernier laboratoire, dont on trouvera plus loin une description détaillée, on a évité tout luxe inutile. Le plan et les dispositions intérieures peuvent servir de modèle. Le renouvellement de l'air est déterminé par un ventilateur qui opère par aspiration et qui est placé au grenier. Là se trouve un espace clos, une chambre, où aboutissent les canaux collecteurs qui évacuent l'air vicié de tous les locaux. Le ventilateur aspire l'air de cette chambre, ce qui détermine le tirage.

---

[1] Les Écoles polytechniques de l'Allemagne, au nombre de vingt-trois, répondent, quant au but et aux programmes d'études, à notre École centrale des Arts et Manufactures.

Dans les salles de travail éclairées par deux côtés, on a disposé, dans l'embrasure des fenêtres, de larges niches ou compartiments vitrés, espaces clos et bien éclairés où des tuyaux amènent l'eau et le gaz, et où s'exécutent toutes les opérations dégageant des émanations incommodes. L'air de ces compartiments (*Digestorien*), continuellement renouvelé par aspiration, se rend dans des conduits dont l'ouverture débouche dans la niche et qui s'élèvent dans l'épaisseur des murs pour aboutir aux canaux collecteurs mentionnés plus haut. Dans toutes les pièces consacrées au travail, grandes et petites, les murs sont creusés et garnis d'une foule de conduits qui remplacent l'unique cheminée d'autrefois.

Tout cela est connu en France, je le veux bien, mais je ne sache pas qu'on ait appliqué ces données jusqu'ici à la construction des laboratoires. Je les mentionne comme une des conditions dont il est nécessaire de tenir compte dans la préparation des plans.

Lorsqu'un laboratoire prend de telles dimensions, la direction et l'administration deviennent une tâche difficile. A Munich, un seul chef est placé à la tête de l'établissement, M. A. Baeyer, qui a illustré son nom par des travaux hors ligne, et tout récemment, par la synthèse de l'indigo. Il est seul chargé de la direction générale et de l'administration dont il est responsable. Il partage la surveillance avec un collègue, qui s'occupe plus spécialement des exercices de chimie minérale. A Vienne, j'ai trouvé une organisation analogue, avec cette différence que les deux professeurs, MM. Lieben et Barth, maîtres chacun dans son département, se sont partagé les locaux et les élèves, l'un occupant le rez-de-chaussée, l'autre le premier étage de l'institut chimique. Ce partage d'attributions, cette division du travail sont nécessaires lorsqu'il s'agit de diriger tant d'élèves ; mais cela ne suffit pas, il faut en outre le concours d'un certain nombre d'aides ou d'assistants plus spécialement chargés de la surveillance des commençants. Suivant la nature de leurs travaux et le degré de leur instruction, les élèves sont groupés dans diverses salles ; aucune d'elles ne doit en recevoir plus de trente, car, au delà, la surveillance devient impossible. Un assistant est préposé à chacune de ces divisions ; il est chargé de donner à chaque travailleur une préparation ou une analyse et les instructions nécessaires pour les exécuter. Ainsi, ces élèves, et c'est le grand nombre, ne choisissent pas eux-mêmes les sujets de leurs travaux ; on leur impose des exercices proportionnés à leur degré d'avancement. La plupart d'entre eux vont quitter le laboratoire dès qu'ils auront acquis les connaissances pratiques suffisantes pour comprendre la chimie élémentaire. Ce sont des étudiants en médecine, ou en pharmacie, ou de jeunes ingénieurs qui se dirigent vers d'autres carrières. Quelques-uns, cependant, en petit nombre, vont persévérer par goût ou par vocation, et poursuivront leurs études chimiques. Après s'être exercés aux analyses et aux manipulations les plus délicates, ils vont entreprendre des recherches originales, que leur suggère ordinairement le professeur sous la direction duquel ils sont placés. Ils se groupent dans une salle particulière munie d'annexes et disposée pour ce genre de travaux : ces élèves forment pour ainsi dire la division supérieure.

Ainsi, Monsieur le ministre, les instituts chimiques allemands sont à la fois laboratoires de recherches et laboratoires d'enseignement, et même dans ceux qui dépendent d'une des nombreuses écoles polytechniques qui fleurissent en Allemagne, on ne constate nulle part cette différence, accentuée chez nous, entre les deux genres de laboratoires. Partout où un certain nombre d'élèves sont réunis sous la direction d'un professeur animé du feu sacré, des vocations se développent, et le laboratoire de recherches se greffe en quelque sorte naturellement sur le laboratoire d'enseignement et s'y recrute de lui-même. Ceci répond à une des questions que vous m'avez fait l'honneur de me poser. En voici une autre. Les travaux pratiques sont-ils obligatoires dans les laboratoires allemands, pour certaines catégories d'élèves, tels que les étudiants en médecine et en pharmacie? Je puis répondre non, en ce qui concerne les instituts chimiques. Les travaux pratiques n'y sont pas obligatoires, mais j'ai constaté dans plusieurs universités le désir ou l'intention d'entrer prochainement dans cette voie. Nous y sommes entrés résolument. Dans nos écoles de pharmacie les travaux pratiques sont obligatoires depuis plusieurs années, et le décret du 20 juin 1878 étend cette obligation aux étudiants en médecine. On ne peut qu'approuver cette décision. Dans l'application, elle rencontrera, peut-être, quelques difficultés qui peuvent être surmontées, mais qu'il est bon de signaler, je crois.

Personne ne met plus en doute aujourd'hui l'utilité des études chimiques dans les facultés de médecine. Elles donnent accès à la physiologie, à la toxicologie, à l'hygiène, et éclairent une foule de questions en thérapeutique et en pathologie. Aussi, le programme du premier examen du doctorat que le décret du 20 juin précité place à la fin de la quatrième inscription, est-il beaucoup plus chargé qu'il ne l'était, il y a trente ans. Mais, au moment de prendre leur première inscription, les étudiants en médecine, dont la plupart sortent des lycées, ne possèdent que des connaissances très superficielles en chimie, le programme du baccalauréat ès sciences étant très restreint, même sous ce rapport. Ils ont donc besoin de compléter leurs études et surtout d'apprendre la chimie organique qu'ils ignorent. On pourra leur enseigner cela dans les facultés de médecine, bien que cet enseignement théorique soit plutôt du ressort des facultés des sciences. Ne serait-il pas rationnel, en effet, que l'enseignement des sciences pures fût donné par les facultés compétentes, non seulement pour la licence, mais encore pour le baccalauréat? Il est fâcheux, selon moi, que nos étudiants en médecine, au lieu de s'attarder dans les lycées, ne soient pas astreints à passer une année dans les facultés des sciences qui les mettraient en état de passer un baccalauréat ès sciences sérieux, restreint si l'on veut, pour la partie mathématique, mais renforcé pour la chimie, la physique, l'histoire naturelle, renforcé surtout par l'institution d'épreuves pratiques, comme on vient de le faire heureusement pour les deux premiers examens de pharmacie. Les bacheliers arriveraient alors dans les facultés de médecine avec un fonds solide de connaissances scientifiques, et seraient en état d'aborder immédiatement avec fruit l'étude de la chimie et de la physique biologiques, de la toxicologie et de la pharmacologie. Actuellement, ils sont incomplètement préparés, et les professeurs de chimie et de physique sont obligés d'enseigner dans les facultés de médecine, la science tout entière dans sa partie théorique et dans ses nombreuses applications à la médecine ; et, vu l'abondance des matières, ils sont dans l'obligation de consacrer plusieurs années à cet enseignement, ce qui est fâcheux, ce qui deviendra intolérable dès que le nouveau régime d'examen entrera en vigueur [1].

Après cette digression nécessaire, j'arrive aux exercices pratiques obligatoires. Il est évident que des étudiants en médecine de première année, bacheliers ès sciences comme je viens de les définir, avec des connaissances insuffisantes et une instruction pratique nulle, ne pourront pas aborder immédiatement les analyses et les expérimentations délicates de la chimie biologique et de la toxicologie. Il sera nécessaire de les exercer d'abord aux manipulations de la chimie générale. Il y aura donc deux catégories d'élèves et aussi deux espèces de laboratoires, les uns destinés aux commençants, les autres aux élèves plus avancés, ces derniers se livrant à des exercices de chimie médicale proprement dite. Cela est possible, cela est même facile dans les facultés de province, toujours avec cette réserve que les exercices de chimie pure rentreraient plutôt dans les attributions des facultés des sciences. A Paris, le nombre des étudiants créera une difficulté qui n'est

[1] Depuis la rédaction de ce Rapport on a remédié en partie à l'inconvénient qui est signalé ici par l'institution de cours complémentaires.

pas insurmontable. On trouvera, en dehors et à proximité du périmètre agrandi de l'École de médecine, un emplacement suffisant pour y élever une construction modestement appropriée à ce genre d'exercices. Au reste, les élèves pourront être appelés à y travailler par séries ; et ils le feront avec fruit, en supposant que le service soit bien organisé, comme personnel et comme matériel. On puisera pour cela des données utiles dans l'organisation des instituts chimiques allemands, organisation que j'ai essayé d'esquisser plus haut.

III

INSTITUTS PHYSIQUES

Ils sont de fondation récente ; ceux que j'ai visités à Berlin et à Graz ont été construits il y a quelques années seulement. Ils sont établis, au moins en ce qui concerne les proportions, la direction générale, l'administration, sur le modèle des instituts chimiques qui les ont précédés. Les services généraux y sont installés d'une façon analogue. La seule différence essentielle que l'on puisse constater est celle-ci : les locaux consacrés au travail sont moins vastes et généralement disposés en vue de recherches ou de manipulations afférentes à une branche déterminée de la physique ; il va de soi que des expériences sur l'optique, sur l'électricité, sur le magnétisme, exigent des emplacements spéciaux et des dispositions particulières.

Ici on ne rencontre plus ces grandes salles où une vingtaine de travailleurs sont réunis, se livrant au même genre d'expériences ou de recherches. En physique, l'expérimentation ne comporte pas le travail en commun, du moins au même degré qu'en chimie. Les appareils sont souvent tellement délicats, et certaines expériences exigent de tels soins et une si longue préparation, que le voisinage de plusieurs travailleurs serait une gêne et souvent une cause d'insuccès. Ceci s'applique surtout aux travaux de recherches ; car il est entendu que, lorsqu'il s'agit d'enseignement, certaines expériences ou opérations peuvent être faites en commun ; mais, encore ici, est-il bon et quelquefois nécessaire de laisser en place certains appareils compliqués ou délicats et, par conséquent, de consacrer un local particulier à chaque genre d'opération. C'est ce qu'on a fait d'ailleurs au laboratoire d'enseignement de la Faculté des sciences de Paris, que M. le professeur Desains dirige avec tant de succès et avec si peu de moyens matériels. Je n'ai pas trouvé en Allemagne un laboratoire d'enseignement spécialement approprié aux exercices de physique élémentaire. Les instituts que j'ai visités admettent sans doute des élèves pratiquants, généralement des candidats qui se destinent à l'enseignement secondaire ou à l'enseignement secondaire spécial, mais ils sont organisés, en même temps, pour les démonstrations publiques dans les cours et pour les recherches originales. Celui de Berlin est placé sous la direction de M. Helmholtz, dont l'esprit vaste embrasse tant de connaissances. Après avoir enseigné la pathologie générale au commencement de sa carrière, il a illustré la chaire de physiologie à l'université de Heidelberg, où il a fait les grandes découvertes que l'on connaît. Aujourd'hui, il enseigne avec autorité la physique expérimentale, et l'on sait qu'il est passé maître en physique mathématique.

L'institut physique de Berlin est un monument élevé à côté de l'institut physiologique sur les bords de la Sprée, et à proximité de l'institut chimique. Il est conçu dans des proportions grandioses. Hors d'état d'en donner une description détaillée, je me bornerai à indiquer quelques dispositions spéciales qui peuvent offrir de l'intérêt, et qui donnent une idée de la puissance des moyens dont disposent aujourd'hui quelques professeurs allemands.

En physique, on a besoin d'une force motrice pour un certain nombre
d'expériences. A l'institut physique de Berlin, la machine à vapeur a
été remplacée par la machine à gaz, dont M. Lenoir a construit le
premier modèle. M. Helmholtz dispose de deux machines à gaz, perfectionnées comme on les voit aujourd'hui dans les galeries de l'Exposition
universelle [1]. Elles sont installées dans le sous-sol. L'une d'elles communique le mouvement à une machine dynamo-électrique de Siemens, qui
sert à engendrer les puissants courants employés pour la production de
la lumière électrique ; l'autre fait tourner un arbre de transmission qui
traverse une série de pièces où il distribue une force motrice ; elle sert
aussi à mettre en mouvement un ventilateur qui injecte l'air pur et chaud
dans certains locaux, notamment dans la salle des cours. Cette dernière
a été construite avec beaucoup d'entente. Elle est carrée, très élevée et
peut contenir environ deux cents auditeurs. La lumière vient d'en haut.
La table de démonstration repose solidement sur des fondations profondes ;
elle est isolée et ne touche nulle part au parquet dont les trépidations
ne sauraient l'ébranler. Deux séries de fils électriques y aboutissent à
des bornes qui y sont fixées. L'une provient d'une chambre spéciale où
l'on monte les batteries électriques ; l'autre va aboutir à la machine
dynamo-électrique mentionnée plus haut. Devant la table d'expériences
se trouve une petite table pareillement établie sur des fondements solides
et isolée ; elle sert à recevoir certains instruments tels que le galvanomètre et la lampe électrique au moyen de laquelle on fait les
projections. Celles-ci vont se dessiner sur un tableau en verre dépoli qui
est disposé derrière la table à expériences et le professeur. C'est là un
moyen de démonstration qui a reçu en Allemagne une application très
générale. On le verra plus loin.

[1] Machine Otto

L'orientation et le groupement des locaux offrent une importance particulière dans un institut physique.

Les salles destinées à l'expérimentation doivent être disposées autant que possible au rez-de-chaussée. Elles doivent reposer sur des fondements solides qui les mettent à l'abri des trépidations du sol. A Graz, on a apporté un soin tout particulier à la consolidation des locaux. Le sous-sol est entièrement voûté, et ces voûtes reposent sur un système de piliers en grosse maçonnerie dont les dispositions ont été étudiées avec beaucoup de soin. On les décrira en publiant le plan de cet établissement. Ajoutons seulement qu'une série de ces piliers correspond, au rez-de-chaussée, à une longue ligne horizontale d'observation, qui s'étend à travers plusieurs salles, de telle sorte qu'on puisse envoyer un faisceau de lumière d'un bout à l'autre.

Parmi les autres dispositions spéciales aux instituts physiques, je citerai un local du sous-sol protégé autant que possible contre les variations de température, et propre aux observations calorimétriques ; une série de pièces du rez-de-chaussée dans la construction desquelles le fer est exclu, et qui servent aux expériences magnétiques ou galvanométriques très délicates ; une terrasse pour les instruments et les observations météorologiques. J'ajoute qu'à Graz, un petit observatoire d'astronomie physique est annexé à l'institut.

IV·

INSTITUTS PHYSIOLOGIQUES

Parmi les grands laboratoires, les instituts physiologiques sont ceux qui exigent, sans contredit, les moyens de travail les plus variés et les dispositions les plus spéciales. La physiologie fait appel, en effet, à l'anatomie, à l'histologie, à la pathologie, d'une part, à la chimie et à la physique, de l'autre.

Ces sciences lui fournissent des données précieuses et variées, les unes pour la connaissance des appareils organiques, les autres pour l'interprétation des procédés de la vie. Elle cherche, en outre, à surprendre la nature sur le fait, par l'expérimentation sur les animaux et les vivisections : elle a ses méthodes propres.

De là une grande variété de besoins, auxquels doivent satisfaire les installations les plus diverses, soit au point de vue des recherches originales, soit au point de vue de l'enseignement et des démonstrations publiques. Pour s'en rendre compte, il suffit de visiter un des instituts physiologiques récemment construits, celui de Berlin, par exemple, le plus vaste de tous et où les moyens de travail les plus variés ont été accumulés avec profusion et groupés avec une entente qui fait honneur au savant directeur, M. Dubois-Reymond.

Dans la description générale que je crois devoir donner d'un tel institut, celui de Berlin peut servir de modèle; mais il est juste de reconnaître que les besoins de l'enseignement et de l'expérimentation en physiologie avaient été reconnus antérieurement et avaient reçu une satisfaction marquée dans des établissements construits plus modestement et installés avec moins de luxe. Je citerai en particulier l'institut physiologique de Leipzig, que j'ai décrit dans une précédente publication et qui a été le centre d'une activité scientifique si fructueuse sous la direction du professeur Ludwig, et l'institut physiologique de Munich, récemment agrandi et bien connu par les travaux de MM. Voit et Pettenkofer.

Je dois mentionner enfin des établissements nouvellement créés, et dont je compte décrire le premier, savoir : les instituts physiologiques de Buda-Pest et Graz, de Heidelberg. J'ai visité tous ces établissements.

Les locaux affectés aux divers services d'un institut physiologique peuvent être groupés de la manière suivante :

1° Services généraux. Pièces pour le chauffage et la ventilation, chambre pour les machines (machine à vapeur ou à gaz, machine dynamo-électrique) ; atelier mécanique ; magasins divers ; cours et étables pour les animaux, aquarium ;

2° Bibliothèque, salle de lecture, salles de collections, quelquefois atelier photographique ;

3° Salle de cours et annexes ;

4° Laboratoires proprement dits ;

5° Logements pour les gens de service et les assistants. Appartement pour le professeur.

En ce qui concerne les services généraux, je puis me référer aux indications précédemment données.

J'ajoute seulement que la plupart de ces services sont installés dans le sous-sol, qui doit être bien éclairé et qui comprend, en outre, des locaux pour la batterie électrique, pour les grosses opérations de chimie, pour les dissections et les vivisections de grands animaux. La bibliothèque, les salles de lecture et de collections sont situées, bien entendu, au rez-de-chaussée ou au premier étage.

La *salle de cours* comporte un certain nombre de dispositions qu'il n'est pas inutile d'indiquer. Éclairée par le haut, elle reçoit aussi le jour latéralement, car il est bon que la table d'expériences soit éclairée de côté. Des dispositions sont prises pour que la lumière du jour puisse être interceptée rapidement dans le cours d'une leçon où l'on se propose de faire des expériences de projections. Et ce mode de démonstration est fréquemment employé, soit qu'il s'agisse de faire apparaître les images amplifiées de préparations histologiques, ou les indications d'un appareil enregistreur, ou les déviations d'un galvanomètre accusant l'existence et

le sens de faibles courants, musculaires ou nerveux. Pour cela, l'instrument est disposé de telle sorte que la marche de l'aiguille soit indiquée
par le déplacement d'un trait de lumière qui se projette sur une
grande règle divisée, placée en vue de l'auditoire. Les projections
se dessinent sur un grand tableau en verre dépoli, soit sur la face
antérieure, soit sur la face postérieure. Dans ce dernier cas, la lampe
électrique est placée dans une salle annexe qui sert à la préparation du
cours.

La table de démonstration peut être disposée de diverses manières. Elle
est entièrement fixe, ou bien elle se compose d'une partie fixe et d'une
partie mobile. Celle-ci sert ordinairement aux démonstrations sur les
animaux. Elle glisse sur des rails et peut être enlevée dès que l'expérience
est faite, et remplacée par une autre. La table fixe porte les bornes où
aboutissent les fils conducteurs de l'électricité. Des tuyaux y amènent
l'eau et le gaz. L'eau, qui arrive sous pression, peut mettre en marche
un petit moteur placé à portée de la main, sur la table de démonstration
même. De tels moteurs à eau sont appliqués à divers usages dans les laboratoires de physiologie. Ils servent, entre autres, à communiquer le mouvement à des appareils enregistreurs. On en construit de divers modèles ;
leur force varie de 1/10 de cheval jusqu'à 3 ou 4 chevaux. Ceux qui offrent
de petites dimensions peuvent être transportés facilement d'un point à
un autre, partout où l'on dispose d'une conduite d'eau.

J'ai remarqué à Berlin une annexe utile de la salle de cours. Les
démonstrations sur des animaux vivants ou sur des pièces préparées ne
sont pas toujours visibles à distance ; pour des cas de ce genre, où les
choses ont besoin d'être regardées de près, on a placé, dans une pièce
voisine de la salle de cours et communiquant aussi avec le laboratoire de
vivisection, une petite table demi-circulaire, séparée, par des barreaux,
d'un couloir, et sur laquelle on fixe l'animal en expérience ou la pièce à

examiner. Au sortir de la leçon, les auditeurs sont admis, par séries de dix, devant cette table. La circulation est facile : on entre par la salle de cours, et, après avoir fait une station dans le couloir devant la table, on se retire par une galerie bien éclairée qui règne extérieurement à la salle de cours et qui sert à exposer des préparations, des dessins ou des tableaux afférents à la leçon du jour, ou à l'enseignement en général.

Comme nous l'avons fait remarquer plus haut, les laboratoires proprement dits doivent être pourvus de moyens de travail très variés. On peut les grouper en plusieurs catégories qui comprennent la chimie et la physique physiologiques, les exercices et recherches microscopiques, les vivisections et en général l'expérimentation sur les animaux.

Je n'ai rien à ajouter sur l'organisation des laboratoires de chimie et de physique biologiques.

Je ferai observer seulement que ces sciences sont enseignées, en général, dans les facultés allemandes, par les professeurs de physiologie [1]. qui disposent de ressources considérables pour l'expérimentation chimique et les travaux de physique biologique. Ainsi, la plupart des instituts possèdent, indépendamment d'un laboratoire de chimie, une chambre pour les expériences d'optique, une pièce pour le montage d'une batterie électrique, une machine de Gramme ou de Siemens qui exige l'emploi d'une force motrice, un atelier de mécanique et quelquefois un atelier de photographie. J'ajoute que les expériences et recherches sur la respiration et la chaleur animales, sur l'électricité animale, sur les fonctions des organes des sens, sur la composition et la tension des gaz du sang, sur la pression de ce liquide dans les artères, sur le pouls, sur les battements du cœur, etc., exigent un outillage compliqué et dispendieux.

[1] Il y a quelques exceptions; ainsi il existe une chaire de chimie biologique à la Faculté de médecine de Strasbourg. Elle est occupée par l'éminent professeur Hoppe-Seyler.

Le laboratoire de micrographie forme une division très importante. Il prend jour sur le nord et peut avoir une forme rectangulaire ; en effet, sa largeur peut être réduite, pourvu que le grand côté du rectangle s'étende le long d'un mur largement percé de fenêtres, et contre lequel s'appuient les tables portant les microscopes.

Les locaux servant plus particulièrement aux expériences sur les animaux n'offrent pas de dispositions spéciales qu'il soit nécessaire de mentionner. J'y ai remarqué des couveuses, des appareils pour faire les injections délicates à des températures déterminées, des aquariums à eau douce, sans cesse traversés par un courant d'air, ou à eau de mer artificielle moins corruptible que la véritable. Ce sont là des détails sur lesquels je ne dois pas insister, mais qui complètent l'esquisse générale que j'ai voulu tracer et la démonstration que j'ai voulu faire concernant la variété des ressources qu'exige un laboratoire de physiologie. Je dirai, en terminant, que M. Dubois-Reymond dispose, pour faire face aux dépenses matérielles, d'un crédit de 40,000 fr. Le personnel de l'institut de Berlin comprend cinq *assistants*[1] dont quatre sont logés dans l'établissement et prennent part à l'enseignement comme professeurs extraordinaires. Parmi les gens de service, il faut compter plusieurs garçons de salle, un ouvrier mécanicien, un concierge.

Les exercices de physiologie sont-ils obligatoires pour les étudiants en médecine ? Ils ne le sont pas, mais je dois ajouter que le *Tentamen physicum* comprend, dans quelques universités, une épreuve pratique afférente à la physiologie. Le nombre des sujets à proposer en cette matière est assez limité : ce sera l'analyse de quelque liquide de l'économie animale, ou des gaz de la respiration, ou bien une préparation micrographique élémentaire, ou encore le maniement d'un instrument tel que l'ophthal-

---

[1] Voir page 80.

moscope ou le polarimètre. On comprend les raisons qui s'opposent à ce que les étudiants soient exercés aux vivisections, mais rien n'empêche de les préparer à subir les épreuves qui viennent d'être indiquées, en les admettant soit au laboratoire, soit à des conférences pratiques dirigées par le professeur. Il en est ainsi à l'institut physiologique de Munich. M. le professeur Voit n'y admet aucun étudiant qui n'ait fréquenté, pendant un semestre au moins, un institut chimique.

On voit donc que les candidats sont sollicités par la force des choses à se livrer aux exercices pratiques, bien que l'obligation n'en soit pas écrite dans le règlement. Et, puisque je parle du *Tentamen physicum*, permettez-moi, Monsieur le Ministre, d'ajouter quelques mots sur cette épreuve. Les étudiants en médecine munis du certificat d'examen de sortie du gymnase (*Abiturienten Examen*) abordent le *Tentamen physicum*, à la fin du quatrième semestre d'études. Le programme comprend la chimie, la physique, l'histoire naturelle, l'anatomie et la physiologie. Les trois premières sciences sont enseignées par les Facultés de philosophie (lettres et sciences), les deux autres par les Facultés de médecine. Les étudiants suivent donc les cours des deux Facultés. En principe, ce régime présente des avantages, car il établit des relations suivies et fécondes entre les deux corps dont les membres titulaires sont appelés à siéger ensemble dans le même jury; il permet aussi d'éviter des répétitions inutiles. En pratique, il offre des inconvénients : il est difficile d'apprendre cinq sciences en deux ans, et le temps consacré à l'étude de l'anatomie et de la physiologie paraît trop court.

V

On a fondé dans ces derniers temps un certain nombre d'instituts anatomiques dans les universités de l'Allemagne et de l'Autriche-Hongrie. Indépendamment de ceux de Berlin, de Göttingen, de Heidelberg, de Munich, que j'ai décrits précédemment, je mentionnerai ceux de Leipzig, de Buda-Pest et de Graz, que je viens de visiter et dont je décrirai le premier. Les plans de celui de Buda-Pest, qui offre des dispositions excellentes, figurent à l'Exposition universelle. Ici, l'installation matérielle est moins compliquée que lorsqu'il s'agit de physiologie expérimentale, mais la pénurie des sujets crée des difficultés d'un autre genre : il s'agit de rassembler et de conserver précieusement la matière de l'enseignement et d'en tirer le meilleur parti possible. Je n'ai pas l'intention de décrire les locaux dont se compose un institut anatomique, salles de dépôt et de préparations, salles de cours, salles de dissection, musée, etc., ce serait m'exposer à des redites ou à l'inconvénient de dire des choses bien connues. J'ajoute seulement que les salles de cours sont bâties en amphithéâtre, avec des gradins qui s'élèvent rapidement, de telle sorte que tous les regards puissent plonger sur la table de démonstration mobile dans tous les sens. A Leipzig, M. le professeur His a fait disposer à côté de la salle une galerie où sont exposés les pièces, dessins, tableaux qui se rapportent à la leçon du jour, et aussi des objets et des préparations qui présentent de l'intérêt au point de vue des études anatomiques. C'est à la fois une annexe de la salle des cours et une sorte de musée constamment ouvert aux étudiants qui le traversent au sortir de l'amphithéâtre.

A Buda-Pest et à Graz, les salles de dissection offrent cela de particulier qu'elles peuvent être éclairées pour le travail du soir. Au-dessus de chaque table de dissection sont fixés trois becs de gaz avec réflecteurs, et un tuyau muni d'un robinet qui permet des affusions d'eau. Avec un bon éclairage artificiel, beaucoup de travaux d'anatomie pratique et même d'histologie peuvent être menés à bonne fin le soir, ce qui permet d'abréger le temps pendant lequel les corps séjournent dans la salle, et par conséquent d'en tirer le meilleur parti possible.

La pénurie des sujets est un obstacle sérieux au fonctionnement régulier des travaux anatomiques et des exercices de médecine opératoire. On cherche à y remédier de diverses manières. D'abord, les services hospitaliers affectés aux Facultés versent naturellement dans les instituts anatomiques les sujets non réclamés. Dans les petites Facultés, telles que Greifswalde, on les fait venir de loin, en chemin de fer, dans des conditions particulières et en usant des précautions commandées pour de tels transports ; on les tire d'hospices plus ou moins éloignés ou d'établissements pénitentiaires. On réclame aussi les corps des suppliciés et des suicidés. Une grande faculté, celle de Leipzig, n'a pas d'autres ressources pour alimenter son établissement anatomique. Les corps des suicidés de tout le royaume de Saxe y sont expédiés et conservés pendant l'été dans de grandes caisses remplies d'alcool. En hiver, la conservation des cadavres est plus facile. On les dépose dans le sous-sol, où ils reposent dans des niches à une basse température ; ces niches, de forme prismatique, sont baignées sans cesse par l'air froid et de l'eau à 0°, qui découle d'une glacière superposée.

Telles sont les mesures que l'on prend, pour assurer la conservation et le bon emploi des sujets. D'autres améliorations ont été apportées à divers services dépendant des instituts anatomiques. Sans parler des procédés de chauffage et de ventilation qui sont de première importance ici, mais

qui ne diffèrent pas de ceux qui ont été indiqués précédemment, je mentionnerai les dispositions adoptées pour le transport des corps dans la
salle de cours ou dans les salles de dissection, au moyen d'un ascenseur;
les chambres et appareils de macération très bien agencés pour l'é-
vacuation des gaz méphitiques et des matières putrides; les grandes
cuves pour l'injection des cadavres, ainsi que les appareils pour les
injections fines, les locaux pour la préparation et le montage des pièces
ostéologiques; tous ces services, ainsi que les appareils de chauffage et de
ventilation, la machine à vapeur, etc., sont établis dans le sous-sol.

J'ajoute, et l'observation est bonne à noter, que le professeur et les
prosecteurs tiennent rigoureusement la main à ce que les sujets ou membres distribués pour les dissections ne soient pas gâtés par négligence ou
gaspillés par caprice.

VI

INSTITUTS PATHOLOGIQUES

Mon rapport s'allonge, Monsieur le Ministre; je vous demande donc la
permission d'abréger cet exposé général et de me référer, en ce qui concerne les instituts pathologiques, à mes précédentes communications. On
sait que ces établissements sont consacrés à l'étude et à l'enseignement de
l'anatomie pathologique et de la médecine expérimentale, et que c'est au
professeur d'anatomie pathologique qu'incombe, dans les Facultés allemandes, le devoir de faire ou de diriger toutes les autopsies des individus
décédés dans les cliniques. Les instituts pathologiques sont donc des
annexes des hôpitaux. Celui de Berlin occupe un emplacement dans le
périmètre de la Charité, et a été considérablement agrandi par les soins de
M. le professeur Virchow, qui a donné une si grande impulsion aux études

dont il s'agit. J'ai visité aussi les instituts pathologiques qui ont été récemment construits à Munich et à Strasbourg ; ce dernier occupe, en face de l'hôpital civil, un vaste bâtiment qui comprend aussi un institut anatomique. Ces établissements sont largement pourvus de moyens de travail, soit pour les démonstrations publiques, soit pour les recherches. Dans celui de Strasbourg, j'ai remarqué ce qu'on nomme *une chambre sans poussière* : les murs et le parquet, construits avec soin, y sont maintenus dans un grand état de propreté ; on y a disposé un cabinet vitré, dans lequel on peut mettre en observation des animaux soumis à des expériences d'inoculation. Cette disposition est utile dans les recherches sur l'infection purulente, ou septicémie, et en général lorsqu'il importe d'exclure autant que possible les poussières atmosphériques et les germes qu'elles peuvent contenir. C'est là une application des travaux de M. Pasteur, travaux qui offrent une si grande importance au point de vue de l'étiologie et de l'évolution des maladies et qui ont reçu, dans ces derniers temps, de si magnifiques développements.

Et puisque je parle des services annexés aux hôpitaux, permettez-moi, Monsieur le Ministre, de répondre ici à une question que vous m'avez posée, concernant les rapports des Facultés avec les administrations hospitalières qui détiennent en quelque sorte la matière de l'enseignement.

J'ai pu constater, à cet égard, des situations variées. Dans certaines universités, la Faculté occupe des services dans un grand hôpital national, comme la Charité de Berlin, ou provincial, comme le Julius-Hospital de Würzbourg ou l'hôpital de Graz. Elle n'administre pas ces services, mais elle y domine au point de vue de l'enseignement. C'est une situation nette qui ne donne pas lieu à des conflits. Dans d'autres villes, la Faculté a des contrats avec l'administration hospitalière qui lui cède certains hôpitaux, ou certaines parties d'un hôpital. A

Munich, un hôpital de 900 lits est affecté à l'université, indépendamment d'un hôpital d'accouchements et d'un hôpital d'ophthalmologie. Là, il n'y a point de difficultés : la ville administre et les professeurs de clinique, qui sont en même temps médecins de l'hôpital, dirigent les services. Les choses s'arrangent de même, à l'amiable, dans les universités ayant leur siège dans de petites villes, qui en tirent profit et qui en reçoivent un certain lustre. Les municipalités et les administrations hospitalières y ont intérêt à ménager les Facultés, et à favoriser tout ce qui peut accroître leur prospérité.

La situation est moins bonne dans d'autres villes universitaires plus importantes, où les grandes administrations dont il s'agit peuvent traiter de puissance à puissance et entrer en lutte avec les Facultés. En mainte occasion, des difficultés ou même des conflits se sont élevés : on ne peut les éviter, comme ailleurs, qu'à force de sagesse et de concessions réciproques. J'ajoute pourtant que ces difficultés ne prennent jamais leur source dans un sentiment ou une intention de rivalité en ce qui concerne l'enseignement lui-même. L'État seul distribue l'enseignement par ses Facultés, l'administration hospitalière ne s'en mêle pas en Allemagne.

VII

INSTITUT HYGIÉNIQUE DE MUNICH

L'hygiène a pris rang parmi les sciences positives.

Elle est aussi ancienne que la médecine elle-même, car ce sont les pathologistes qui ont reconnu les premiers l'influence des lieux, des milieux et du régime sur la conservation de la santé. Dans les temps modernes, les progrès des sciences physiques ont considérablement agrandi le domaine de l'hygiène, et lui ont prêté des méthodes exactes pour l'observation et pour l'expérimentation. Elle a subi ainsi une véritable transformation et s'est détachée de la pathologie et de la physiologie, comme cette dernière s'est séparée jadis de l'anatomie. Elle est devenue une branche importante de nos connaissances et exerce sur le bien-être des sociétés humaines, sur les relations internationales et, en général, sur les progrès de la civilisation, une influence qui ne pourra que grandir.

Étudier et éloigner autant que possible les influences morbides dont l'individu isolé ou la collectivité sont sans cesse assaillis, est à coup sûr une tâche importante et qui incombe, dans les sphères privées, aux médecins, dans l'ordre public, aux administrations, à l'État, à la commune. Ces derniers sont les gardiens de la santé publique, dont ils sont responsables, dans la mesure où le médecin lui-même peut être responsable vis-à-vis de ses clients. Au sentiment de cette responsabilité répondent l'institution des médecins sanitaires, des médecins des épidémies, des inspecteurs d'eaux minérales, celle des conseils d'hygiène à tous les degrés, des établissements quarantenaires, etc. Les administrations publiques disposent donc, pour l'étude et la solution des questions d'hygiène, d'un personnel nombreux et éclairé, remplissant diverses fonctions, les unes purement honorifiques, les autres rétribuées. En France, les médecins qui sont au service de l'État sont appelés à leurs fonctions sur la présentation de leur diplôme. Aucune autre condition de scolarité ne leur est imposée ; leurs études ont été celles de tous les docteurs, leurs condisciples ; ils n'ont reçu, en un mot, aucune éducation particulière, aucune instruction pratique qui puisse leur donner compétence et autorité dans les questions spéciales qu'ils seront appelés à résoudre. Ils font leur apprentissage eux-mêmes, dans l'exercice de leurs fonctions. Il n'en est pas ainsi en Allemagne : les médecins hygiénistes

qui sont au service de l'État reçoivent une instruction complémentaire
et subissent, indépendamment des examens qui leur confèrent le droit
d'exercice, un examen particulier, à la suite duquel ils sont appelés aux
fonctions de médecins de districts.

Cette institution répond à celle des médecins cantonaux, qui existe
ou qui existait dans quelques-uns de nos départements, avec cette différence toutefois, qu'indépendamment des soins gratuits à donner aux
malades indigents, les médecins de districts sont chargés de l'examen
de toutes les questions d'hygiène publique qui surgissent dans leur
circonscription. Les dires et rapports que ces médecins de districts
présentent à l'autorité administrative peuvent soulever des réclamations
de la part des parties intéressées. Ces cas litigieux sont déférés, en
Bavière, à des commissions supérieures qui siègent près des universités
de Munich, de Würzbourg et d'Erlangen, et qui donnent leur avis en
dernier ressort.

Les questions qui sont soumises à l'examen des médecins de districts
et qui font l'objet de leurs expertises sont très variées. Analyses des
eaux potables, des boissons et des aliments de mauvaise qualité ou
frelatés ; pollution des eaux courantes par les égouts ou les résidus de
fabrique ; hygiène des habitations, des écoles, des casernes, des prisons,
des hôpitaux, en ce qui concerne l'humidité des murs, le renouvellement de l'air, les dispositions des fosses d'aisances, l'évacuation des
émanations et résidus nuisibles, l'encombrement ; établissements et
industries insalubres ; fabrication, commerce et emploi des substances
toxiques ; assainissement des voies publiques, des cimetières ; maladies
infectieuses et épidémiques, etc., telles sont les questions qui peuvent
se présenter journellement et dont la solution exige non seulement un
fonds solide de connaissances médicales, mais encore une compétence
particulière, car un très grand nombre d'entre elles doivent être abordées

par l'expérience et ne peuvent être résolues qu'à l'aide des méthodes
exactes de la chimie et de la physique ; le microscope et l'analyse quali-
tative et quantitative par les réactifs et la balance, tels sont les moyens
usuels d'expérimentation dans ce genre de recherches. Leur emploi
suppose une instruction pratique qui jusqu'ici n'était donnée dans aucune
Faculté. M. le professeur Pettenkofer a exposé cet état de choses au
gouvernement bavarois, avec l'autorité que lui donnent des travaux considérables en hygiène et en physiologie, et a fait adopter par les pouvoirs
publics un projet de création d'un institut hygiénique.

Cet établissement est fondé et va entrer en plein exercice au mois de
novembre prochain (1879). Il a été construit au sud-est de la ville de
Munich, dans le voisinage de l'hôpital universitaire, de l'institut physiologique et de l'institut pathologique. Il doit répondre à tous les besoins
de l'enseignement théorique et pratique de l'hygiène, et est pourvu
des moyens de travail nécessaires à l'avancement de cette science. Il
comprend les locaux suivants, disposés en vue de ce programme :

1° Grande salle de cours pour les leçons et démonstrations faites aux
étudiants en médecine et en pharmacie et aux aspirants à certaines fonctions administratives ; petite salle de cours pour l'exposé, par des *Privat-
Docenten*, de certaines branches spéciales de l'hygiène ;

2° Laboratoire pour la préparation du cours ;

3° Grand laboratoire avec annexes, pour les travaux pratiques des aspirants aux fonctions de médecins de districts. Il pourra recevoir une tren-
taine de candidats qui y seront exercés aux analyses et opérations
mentionnées plus haut.

On leur propose en outre, à titre d'exercice, certains cas déterminés
parmi ceux qui font l'objet des expertises habituelles. Après examen, ils
sont tenus de formuler leur avis dans un rapport. Dans le grand laboratoire dont il s'agit, on a disposé en outre un emplacement pour certaines

démonstrations ou exhibitions de grands appareils qu'on ne peut mettre entre les mains des élèves.

4° Laboratoires de recherches pour le professeur, les assistants et un certain nombre de docteurs ou d'étudiants avancés. L'énumération qu'on a faite plus haut montre que les sujets d'études abondent dans toutes les branches de l'hygiène ;

5° Salles de collections de produits chimiques, d'instruments de physique, d'objets usuels, de plans et de modèles ;

6° Logements pour le concierge, les gens de service, les assistants ; cabinet pour le directeur ; magasins et services généraux établis dans un sous-sol bien éclairé.

L'institut hygiénique dont je viens de donner une description sommaire et dont on trouvera plus loin les plans est spécialement destiné à l'instruction pratique des candidats aux fonctions de médecins de districts. Les cas de médecine légale proprement dite ne rentrent pas dans les attributions de ces médecins. Ils sont déférés à l'examen des « médecins légistes de districts » (Bezirksgerichts-Aerzte) qui sont pareillement au service de l'État, et qui ne sont appelés à leurs fonctions qu'après avoir subi un examen particulier.

Toutes les expertises, toutes les questions concernant l'hygiène publique et la médecine légale sont donc confiées, en Allemagne, à des fonctionnaires rétribués, dont la capacité a été préalablement éprouvée par des examens spéciaux. J'ai dû vous faire connaître cette organisation, Monsieur le ministre. Elle touche à l'instruction publique, et semble répondre à de graves intérêts. Les médecins dont il s'agit sont répandus dans tout le pays ; ils résident dans les districts qui correspondent à nos cantons. Les fonctions officielles dont ils sont chargés leur laissent des loisirs suffisants pour exercer la médecine. Ayant subi des épreuves sérieuses, ils jouissent de la confiance publique et trouvent dans les ressources que leur procure la clientèle les moyens d'améliorer leur position. C'est ainsi que l'assistance médicale est assurée dans les campagnes, en même temps que sont sauvegardés les intérêts de l'hygiène publique et de la médecine légale.

Il me semble que notre vieille et utile institution alsacienne des médecins cantonaux devrait être développée. Rajeunie et complétée dans le sens qui vient d'être indiqué, elle rendrait possible la suppression des officiers de santé.

Telles sont, Monsieur le Ministre, les observations qu'il m'a été donné de faire sur les hautes études pratiques dans les universités de l'Allemagne et de l'Autriche-Hongrie.

Des progrès importants y ont été accomplis pendant les dix dernières années dans cet ordre d'études, à en juger par l'accroissement du nombre de laboratoires et le perfectionnement de l'outillage scientifique. Cela est incontestable, et j'ai cru utile de le dire, sans rien exagérer et sans rien méconnaître. Une approbation sans mesure et sans critique serait déplacée, en cette matière, aussi bien que l'esprit de dénigrement. J'ai parlé de ce que j'ai vu, et je n'ai pas reculé devant l'exposé de certains détails, bien convaincu qu'il s'agit ici d'un des intérêts les plus élevés dont puissent se préoccuper les gouvernements et les pouvoirs publics. Tout a été dit sur l'importance de la haute culture scientifique, un des trésors de l'esprit humain. Un grand pays doit l'augmenter sans cesse, pour pouvoir le répandre abondamment.

J'ai l'honneur d'être, Monsieur le Ministre, avec un profond respect,

Votre très obéissant serviteur.

Ad. WURTZ.

Paris, 1ᵉʳ décembre 1878.

RAPPORT

SUR

LES HAUTES ÉTUDES PRATIQUES

DANS LES UNIVERSITÉS

D'ALLEMAGNE ET D'AUTRICHE-HONGRIE

INSTITUT CHIMIQUE DE L'UNIVERSITÉ DE GRAZ

Ainsi qu'on l'a fait remarquer page 5, cet institut fait partie d'un groupe d'établissements élevés dans un parc rectangulaire, dont ils limitent trois côtés. Une « Aula » ou bâtiment académique en borde le grand côté, un institut physique et un institut chimique en occupent les petits côtés adjacents. Les trois bâtiments ayant été conçus d'après un plan déterminé, et la construction de l'institut physique étant achevée au moment où devait se composer celle de l'institut chimique, on n'a pas été libre de donner à ce dernier une disposition indépendante. Ainsi la situation, l'étendue et la façade du bâtiment principal opposé à l'institut physique étaient en quelque sorte déterminés à l'avance par la forme générale de ce dernier. Cette circonstance et la configuration du terrain ont conduit à l'adoption d'un plan général, qui comprend trois corps de bâtiments séparés par deux cours et se développant perpendiculairement au bâtiment de façade. Ce dernier comprend, indépendamment d'un vestibule, divers services accessoires, tels que laboratoire de physique, laboratoire du professeur, bibliothèque et salle de collections, logements pour les garçons, etc.

Dans le corps de bâtiment formant l'aile gauche sont installés les laboratoires d'élèves, dans le corps de bâtiment central les amphithéâtres et leurs annexes, dans celui de gauche les appartements et logements.

Tous ces bâtiments sont élevés sur un sous-sol bien éclairé et comprenant un rez-de-chaussée et un premier étage. On a eu soin d'affecter au même service les locaux superposés dans les divers étages, de manière à grouper les divers départements dans des parties rapprochées les unes des autres. A cet effet, quatre escaliers mettent directement en communication le sous-sol avec tous les étages superposés. De plus, un large escalier conduit directement du vestibule dans la grande salle des cours, qui est précédée d'une sorte de salle des Pas-Perdus servant de vestiaire. On trouvera plus loin une description spéciale de cette salle de cours.

Les laboratoires proprement dits, installés dans l'aile gauche, forment deux groupes distincts, les uns étant destinés aux commençants, les autres aux étudiants assez avancés pour se livrer à des travaux de recherches. Ils sont pourvus d'annexes, telles que salles d'opérations avec tables, âtres et niches pour les préparations; chambre pour les dégagements d'hydrogène sulfuré ; puis, dans les parties séparées et peu accessibles aux vapeurs et émanations, lavoirs, laboratoires spéciaux pour l'analyse spectrale, pour les analyses de gaz, laboratoires pour les expériences physiques, chambres de balances, etc.

Tous ces locaux reçoivent le jour latéralement ; seuls le grand escalier et le vestibule sont éclairés par en haut. Les plans annexés à cette description indiquent leurs dimensions horizontales. Il ne sera pas inutile de donner ici un aperçu de leur hauteur.

Élévation du rez-de-chaussée au-dessus du sol............	1ᵐ,90
— du vestibule..	0 ,50
Profondeur du sous-sol au-dessous du sol...................	1 ,90
Élévation au-dessus du sol du vestibule conduisant au grand amphithéâtre.	2 ,84
Hauteur des locaux du sous-sol..	3 ,43
— — du rez-de-chaussée.............................	5 ,40
— — du premier étage............................	4 ,90
— — du grand amphithéâtre............................	9 ,10
Hauteur des fenêtres du rez-de-chaussée............	2 ,94
— — du premier étage.............	2 ,86

Hauteur des fenêtres du grand amphithéâtre	3m,80
Hauteur des embrasures des fenêtres au rez-de-chaussée et au premier étage	0 ,98
Élévation des fenêtres du grand amphithéâtre au-dessus du sol	3 ,70

Nous ferons suivre cette description générale des locaux d'indications spéciales concernant : 1° le chauffage et la ventilation; 2° la disposition et la distribution des tuyaux servant à conduire l'eau et le gaz ; 3° l'aménagement des laboratoires.

Ces indications, que nous avons été à même de vérifier sur les lieux, sont extraites d'une brochure publiée par le savant directeur de l'institut chimique de Graz, M. de Pebal[1], et que ce dernier a bien voulu mettre à notre disposition.

CHAUFFAGE ET VENTILATION.

Les divers locaux du laboratoire de Graz, à l'exception des appartements, sont chauffés à la vapeur d'eau, les générateurs servant à la fois à produire la vapeur destinée au chauffage, à alimenter la machine à vapeur, et à distribuer la vapeur dans les laboratoires où elle est employée directement pour les expériences.

Les générateurs, au nombre de deux, sont des chaudières tubulaires, un grand fonctionnant en hiver avec 80 tubes bouilleurs et une surface de chauffe de 70 mètres carrés, et un petit devant fonctionner en été avec 37 tubes bouilleurs et une surface de chauffe de 17mc, 6. La tension de la vapeur peut y être portée à 4 atmosphères. Cette vapeur se rend d'abord dans un distributeur (voir le plan du rez-de-chaussée, pl. I) et de là dans neuf tuyaux munis de soupapes, qui la conduisent soit dans les chambres de chauffe, soit dans la machine à vapeur, soit directement dans les laboratoires.

Les chambres de chauffe, au nombre de cinq, sont des espaces en maçonnerie garnis d'une série de tuyaux dans lesquels la vapeur est distribuée

[1] *Das Chemische Institut der K. K. Universität Graz* von Leopold von Pebal. Wien, 1880.

sous pression, et qui élèvent la température de l'air frais pris au dehors. Celui-ci est appelé sans cesse dans les chambres, s'y échauffe et est ensuite envoyé dans les divers locaux, comme on le dira plus loin.

L'eau condensée se rassemble dans des appareils dérivateurs disposés dans le sous-sol, de telle façon qu'ils permettent l'écoulement, par une soupape, de l'air froid et de l'eau, mais non de la vapeur. A cet effet, la soupape d'écoulement est fixée à une tige métallique qui la maintient ouverte, tant qu'elle est froide, mais qui la ferme en se dilatant sous l'influence de l'eau chaude ou de la vapeur. Lors donc qu'on fait arriver de la vapeur dans les tuyaux, l'air et l'eau de condensation froide s'échappent librement ; puis, l'eau chaude arrivant, la soupape se ferme, et la vapeur peut acquérir une certaine tension. Mais l'eau chaude qui est arrêtée s'élève dans l'appareil dérivateur de l'eau de condensation jusqu'à ce qu'un flotteur, qui s'élève avec elle, ait de nouveau ouvert la soupape. De ces appareils dérivateurs, l'eau s'écoule, par des tuyaux, dans une citerne d'où elle est injectée de nouveau dans le générateur.

La ventilation s'effectue par propulsion de l'air pur puisé devant la façade et arrivant directement dans la partie antérieure de la salle des machines, où il est pris par deux ventilateurs qui le poussent dans deux canaux ou conduits principaux *l* (voir le plan, pl. I). Ceux-ci cheminent sous le plancher du sous-sol, et l'un d'eux, celui de gauche, amène l'air pur dans les laboratoires et dans la petite salle de cours, et l'autre, celui de droite, dans le grand amphithéâtre. Sur ces canaux viennent se brancher divers tuyaux, que desservent des appareils propulseurs particuliers P ; ces derniers sont destinés à conduire les courants dérivés soit dans les diverses chambres de chauffe, K'''', K''', K'', K', soit dans une pièce spéciale du premier étage (N'), où se trouve un poêle à vapeur.

Lorsqu'il doit être renouvelé rapidement, l'air vicié des laboratoires s'échappe par de larges bouches qui s'ouvrent sur des conduits abducteurs A. Ordinairement il sort par les nombreux canaux plus étroits qui sillonnent les murs et qui débouchent dans les âtres et dans les niches à évaporation. Les dimensions de ces divers organes sont les suivantes :

Plan du sous-sol.

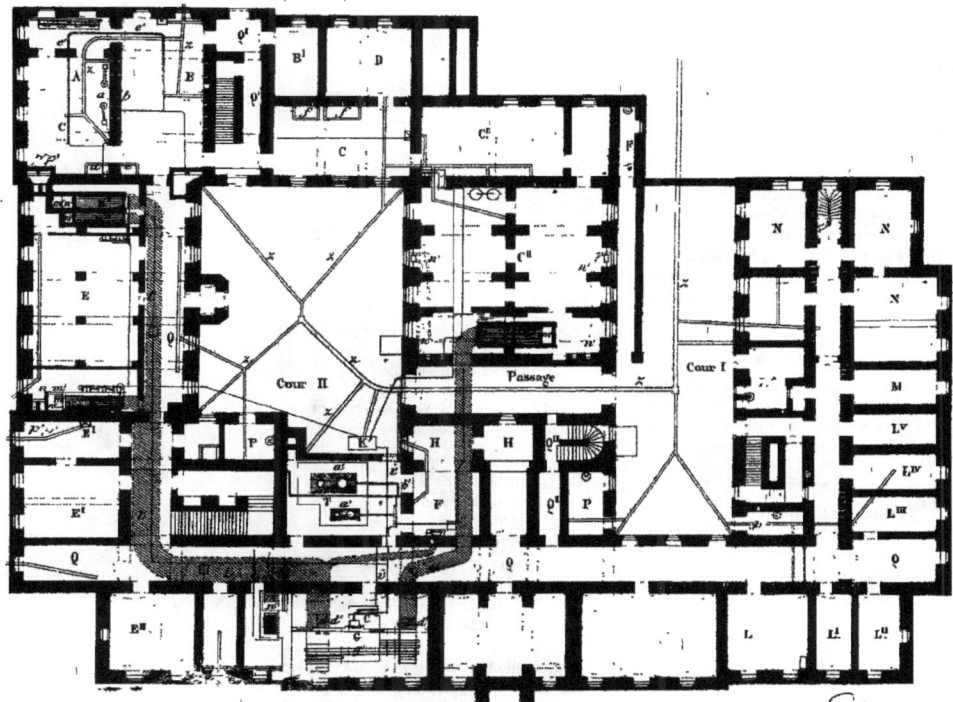

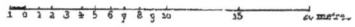

Paris, Imp Berquet

INSTITUT CHIMIQUE DE GRAZ

PLAN DU SOUS-SOL

LÉGENDE

1° OPÉRATIONS.

A   Pièce pour les évaporations à la vapeur.
B   Pièce pour les fusions et les évapora-
     tions à feu nu.
B'   Magasin à charbon.
C   Évaporations et filtrations.
C'   Grosses opérations.
C"   Espace pour les opérations mécani-
     ques — Gazometres — Manteau
     pour une grande batterie électrique.
D   Cristallisations. Glacière.

2° PROVISIONS.

E   Magasin pour la verrerie et la porce-
     laine.
E'   Magasin pour les produits chimiques.
E"   Ustensiles et vases en gres.

3° CHAUFFAGE.

F   Chaudière à vapeur.
G   Machine à vapeur — Ventilateurs —
     Machine dynamo-électrique.
H   Ateliers de serrurerie.
J   Dépôt de charbon pour la machine.
K' K" K'" } Chambres de chauffe.
K'' K'   }

4° CAVES DÉPENDANT DES LOGEMENTS.

L   Cave au bois et au charbon pour les
     assistants.
L' L" L'" Caves pour les gens de service.
L'' Buanderie pour les gens de service.
L'   Calandre.
M   Ustensiles de ménage.
N   Caves   } dépendant de l'apparte-
O   Buanderie } ment du professeur.

P   Chambres pour les tinettes.
Q   Corridor.
Q'   Passages.
Q"   Escalier de service.

APPAREILS DIVERS.

a   Appareils distillatoires à vapeur sur-
     chauffée.
b   —   chauffés à feu nu.
c   Fours à fusion et moufles.
d   Appareil à hydrogène sulfuré.
e   Chaudière à évaporation pour le sul-
     fate de fer.
f   Appareils à évaporation.

APPAREILS POUR LE CHAUFFAGE A VAPEUR ET LA
VENTILATION:

a'   Chaudière à vapeur.
b'   Distributeur de la vapeur.
c   Machine à vapeur.
d   Ventilateurs.
e'   Tuyaux de chauffe.
f'   Tuyaux de vapeur pour les opérations
     chimiques.
i'   Tuyaux conduisant l'eau de conden-
     sation dans la citerne K'.
k'   Citerne.
l   Conduits pour l'air froid, sous le plan-
     cher du sous-sol.
m   Entrée de l'air par en bas dans les
     chambres de chauffe.
n'   Canaux horizontaux conduisant l'air
     chaud pris au-dessus des chambres
     de chauffe dans les appareils à pro-
     pulsion p'.
p'   Appareils à propulsion.
z   Conduits pour l'écoulement de l'eau.

	Section en mètres carrés.
Ventilateur de gauche (diamètre 1^m,4)......................................	1,54
Canal conduisant l'air du ventilateur à la chambre de chauffe K^w........	1,75
Canal d'air de K^w en K^1..	1,00
Conduits munis d'appareils propulseurs et recevant l'air au sortir des chambres de chauffe K$'$, K$''$, K$'''$, en moyenne.......................	0,31
Section totale de ces huit conduits......................................	2,48

Les bouches de ces conduits sont fermées par des jalousies en fer, soit au niveau du parquet, soit à 2^m,55 au-dessus. Les salles du rez-de-chaussée et du premier étage, où ils amènent l'air chaud, ont une capacité de 3,115 mètres cubes. Si donc l'air devait être renouvelé trois fois par heure, la vitesse du courant dans les conduits serait de 1^m,6 par seconde : en réalité, elle est moindre à son entrée dans les salles, la section des bouches étant plus considérable que celle des conduits. Le petit ventilateur situé à droite (diamètre 1 mètre, section 0^{mc},78) pousse l'air, à travers un canal d'une section de 1 mètre carré, dans la chambre de chauffe K^v et de là, par un canal légèrement ascendant, dans six conduits à propulsion, qui viennent déboucher dans le grand amphithéâtre. Dans les parois latérales l'air chaud sort à 2^m,70 au-dessus du plancher ; dans la paroi du fond, il peut être conduit à volonté sous les bancs ou à la partie supérieure de la salle.

Pour assurer la ventilation des locaux qui sont chauffés avec des poêles à vapeur, on a ménagé dans les murs des canaux verticaux qui s'ouvrent près du plafond et près du plancher par des bouches que l'on peut fermer à l'aide de jalousies en fer.

Les ventilateurs, qui font environ 35 tours à la minute, sont mis en mouvement par une machine à vapeur dont la force motrice, pour une pression de 3 1/2 à 4 atmosphères, a été calculée à 5,5 chevaux.

La même machine à vapeur met en mouvement une machine dynamo-électrique disposée dans le même local

La vapeur qui s'échappe de la machine est dirigée, en hiver, à travers un tube serpentin G$'$ (Pl. I), destiné à chauffer l'air avant son entrée dans les ventilateurs.

Le service de ces appareils de chauffage et de ventilation est confié à un seul homme, qui veille non seulement à leur fonctionnement régulier et au maintien de la température voulue dans les divers locaux, mais encore au bon entretien des machines. A cet effet, on a disposé un atelier de serrurerie à côté de la chambre où se trouve la chaudière à vapeur.

Pour faciliter la tâche du machiniste on a dressé, d'après de nombreuses expériences, des tables qui lui permettent de régler, de demi-heure en demi-heure, la position des soupapes à vapeur et des tiroirs à air, ainsi que la marche des ventilateurs, pour chaque différence de température de 5° entre l'air extérieur et l'air intérieur.

Pour chauffer le grand amphithéâtre on a jugé convenable de faire pénétrer les courants d'air chaud d'un côté par les bouches percées dans les murs latéraux et de l'autre par celles qui s'ouvrent à la partie postérieure, sous les bancs. Dans ces conditions une heure suffit, même par un froid rigoureux, pour porter la température de ce grand espace (1396 mètres cubes) à 17 ou 18°, et pour l'y maintenir sans que le courant d'air devienne sensible pour les auditeurs.

Les six grands laboratoires peuvent être chauffés en un quart d'heure ; il suffit pour cela d'envoyer dans les chambres de chauffe de la vapeur à 3 atmosphères et de faire marcher le ventilateur à toute volée. Plus tard, quand il ne s'agit plus que de maintenir la température constante, on modère tout à la fois l'afflux de la vapeur et le courant d'air chaud.

Le renouvellement de l'air peut être réglé à volonté et peut s'effectuer d'une façon très active. Le grand laboratoire ayant été rempli de vapeurs denses de sel ammoniac, il a suffi d'une demi-heure pour en purger complètement l'air.

Quant aux poêles à vapeur disposés dans les autres localités, une fois qu'ils sont remplis d'eau de condensation, ils retiennent si longtemps la chaleur et la répandent si douce et si uniforme, qu'il suffit d'y faire passer la vapeur une seule fois chaque jour, par des froids modérés, deux fois quand la saison est rigoureuse.

L'expérience a démontré les avantages et l'économie du système de chauffage et de ventilation qui vient d'être décrit et qui a été éprouvé pendant les hivers de 1878-1879 et 1879-1880.

TUYAUX DE CONDUITE POUR L'EAU ET LE GAZ.

Tous les tuyaux qui amènent l'eau, la vapeur d'eau et le gaz, ainsi que les conduits d'écoulement pour l'eau, sont à jour ou du moins facilement accessibles. Ceux qui courent sur le plancher sont placés dans des rigoles en fonte, fermées par des couvercles du même métal. Suivant leur destination ils sont peints en couleurs différentes. Les tuyaux de gaz sont en fonte, les conduits d'eau larges en fonte, les tuyaux étroits en plomb. Les conduits d'écoulement pour les eaux acides sont en plomb ; les autres en fonte.

Dans un grand laboratoire le service du gaz, qui sert à la fois au chauffage et à l'éclairage, exige une attention particulière. Ce n'est pas une tâche facile que de surveiller des centaines de becs de gaz (le laboratoire de Graz en compte 700) ; ici une surveillance incessante est nécessaire, car la négligence des élèves ou des gens de service a pour conséquence une déperdition de gaz, source de dépenses inutiles et quelquefois d'accidents. Dans les laboratoires proprement dits, il convient d'intercepter le gaz pendant la nuit ; dans certains locaux tels que le laboratoire du professeur, son appartement, les chambres à étuve, le cabinet spectroscopique, ainsi que les pièces disposées pour le chauffage des tubes et appareils à haute pression, dans tous ces locaux il importe d'avoir le gaz à sa disposition pendant toute la nuit.

Pour faciliter le contrôle on a jugé convenable de partager l'édifice, au point vue de la distribution du gaz, en plusieurs districts qui sont desservis chacun par un tuyau principal, pouvant être fermé par un robinet particulier. Derrière chacun de ces robinets principaux, ainsi intercalés dans le système de canalisation, est disposé un manomètre (voir page 43). Lorsque tous les robinets d'écoulement d'un district sont fermés, si l'on ferme pareillement le robinet du tuyau d'alimentation, le manomètre indique la pression du gaz dans le district ; or cette pression diminue *rapidement*, dans le cas où un robinet d'écoulement est ouvert. Pour constater une fuite, il suffit donc que l'homme chargé de ce service ferme les uns après les autres les robinets de district, H_1 à H_8, et qu'il observe ensuite chaque manomètre pendant quelques instants. Il est bien entendu que ces épreuves manométriques ne peuvent être faites avec fruit que dans le cas où la conduite de gaz est bien établie et ne donne pas lieu à des fuites accidentelles. On a imposé à cet égard au constructeur certaines conditions qui ont été remplies et que voici : 1° Tous les robinets d'écoulement étant fermés, aucune partie de la canalisation ne doit présenter, sous une pression de 40 millimètres d'eau, une fuite assez appréciable pour qu'on puisse allumer le gaz ; 2° tous les robinets d'écoulement étant fermés, la perte de gaz ne doit pas dépasser $0^{lit},087$ par heure ; 3° les robinets d'écoulement étant fermés ainsi que le robinet d'alimentation d'un district, la pression ne doit pas en deux minutes descendre au-dessous de 20 millimètres, la pression initiale étant 40 millimètres.

Le schéma suivant (page 43) indique la distribution du gaz dans le laboratoire de Graz.

Conduites d'eau. — Les tuyaux qui amènent l'eau sont en communication avec la canalisation municipale et débitent l'eau sous la pression de 5 atmosphères. Là où une pression moindre peut suffire on a disposé, à une hauteur convenable, des réservoirs dans lesquels l'arrivée de l'eau est réglée par des flotteurs. Les conduits principaux règnent sous la voûte du souterrain ; les tuyaux d'alimentation qui y sont branchés, peuvent être fermés par des robinets ; les uns et les autres peuvent être entièrement vidés.

Les tuyaux d'écoulement se rendent dans le sous-sol, où ils plongent dans des vases en grès, disposés sous le plancher et d'un facile accès. De ces vases l'eau s'écoule par les canaux z (planche I).

Avant de décrire l'installation des laboratoires nous nous bornons à mentionner l'établissement d'un télégraphe électrique qui sert à la transmission des ordres et des appels. Pour que les gens de service disséminés dans le bâtiment puissent se rendre à ces appels, on s'est arrangé de manière qu'un signal donné soit transmis et répété dans les diverses parties de l'édifice, où des cadres se trouvent disposés à cet effet.

Schéma pour la distribution du gaz dans le laboratoire de Graz (1).

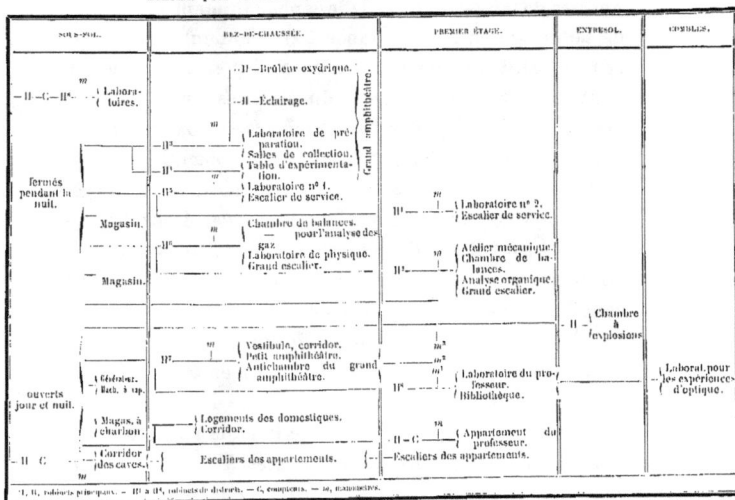

SOUS-SOL.	REZ-DE-CHAUSSÉE.	PREMIER ÉTAGE.	ENTRESOL.	COMBLES.
— II —C;— II⁴— ⟨ Labora- / toires.	.. II —Brûleur oxydrique.			
	— II —Éclairage.			
	III ⟨ Laboratoire de pré- / paration.			
fermés pendant la nuit.	II² ⟨ Salles de collection. / Table d'expérimenta- / tion.			
	II¹ ⟨ Laboratoire n° 1. / Escalier de service.	II¹ — III ⟨ Laboratoire n° 2. / Escalier de service.		
Magasin.	Chambre de balances. — pour l'analyse des gaz			
	II⁰ ⟨ Laboratoire de physique. / Grand escalier.	II²- ⟨ Atelier mécanique. / Chambre de ba- / lances. / Analyse organique. / Grand escalier.		
Magasin.			— II — ⟨ Chambre à explosions	
	II³ ⟨ Vestibule, corridor. / Petit amphithéâtre. / Antichambre du grand / amphithéâtre.			
ouverts jour et nuit. / ⟨ Générat. / ⟨ Bath. à vap.		Laboratoire du pro- / fesseur. / Bibliothèque.		Laborat. pour les expériences d'optique.
⟨ Magas. à / ⟨ charbon.	⟨ Logements des domestiques. / Corridor.	II-C ⟨ Appartement du / professeur.		
— II C / ⟨ Corridor / ⟨ des caves.	Escaliers des appartements.	—Escaliers des appartements.		

I, II, robinets principaux. — II¹ à II⁶, robinets de distrib. — C, compteurs. — m, manomètres.

Il est destiné aux commençants qui s'y exercent à l'analyse. Le plafond est soutenu par huit colonnes en fonte autour desquelles sont disposées huit tables de travail, à quatre places chacune (voir le plan, pl. I, lettre I). Éclairage bilatéral par dix fenêtres, dont l'une, au milieu, est élargie de façon à former une grande niche dans laquelle s'élèvent, sur une estrade, une table de démonstration, pour le chef de laboratoire, et un tableau noir à portée de sa main. Les embrasures des neuf autres fenêtres sont garnies de tables de travail. Indépendamment des quarante et une places de petite dimension, ce laboratoire contient encore quatre places plus spacieuses. Entre les fenêtres on a disposé des niches de Hofmann (g) [1], dont les parois extérieures, du côté des embrasures, sont garnies de petites armoires à portée de la main. Les deux parois opposées du laboratoire, qui forment les petits côtés du rectangle, sont garnies de quatre petits âtres, avec manteaux de cheminées, pour évaporations et autres opérations exigeant une chaleur modérée. Dans les murs qui séparent les âtres sont fixées des étuves à vapeur. Deux de ces âtres renferment de petits bains de vapeur, les deux autres des appareils à évaporation chauffés au gaz. On les décrira ci-après.

1. **Tables de travail.** — Les figures 1 et 2 montrent les tables de travail en élévation. Le corps de ces tables est en bois blanc, le dessus en planches de chêne. Chacune d'elles est munie de trois tiroirs, dont l'un profond pour les tubes de verre. Le bas de la table forme une armoire qu'on peut fermer comme les tiroirs eux-mêmes à l'aide d'un verrou muni d'un cadenas.

M. Pebal a donné des indications particulières pour la construction des tablettes à réactifs superposées aux tables. Elles peuvent être fermées à l'aide de fenêtres mobiles, glissant sur des roulettes dans la gorge d'une coulisse, et que l'élève peut enlever et remettre facilement en place. Pen-

---

[1] J'en ai donné la description dans mon *Rapport sur les Hautes Etudes pratiques dans les Universités allemandes*, p. 32.

dant le travail, ces cadres vitrés A (fig. 1) sont poussés derrière les
tablettes à réactifs dans des coulisses s'ouvrant par les fentes A (fig. 2).
Quant aux réactifs qui, en émettant des vapeurs, pourraient détériorer les
autres, on leur a ménagé une place particulière au milieu de chaque table
de travail (fig. 1). Ainsi les flacons d'acide chlorhydrique, d'acide nitri-
que, d'ammoniaque, de sulfhydrate d'ammoniaque, etc., reposent sur de
petites consoles en faïence émaillée, et forment une double étagère entre

Fig. 1. — Table de travail en élévation, vue de face.

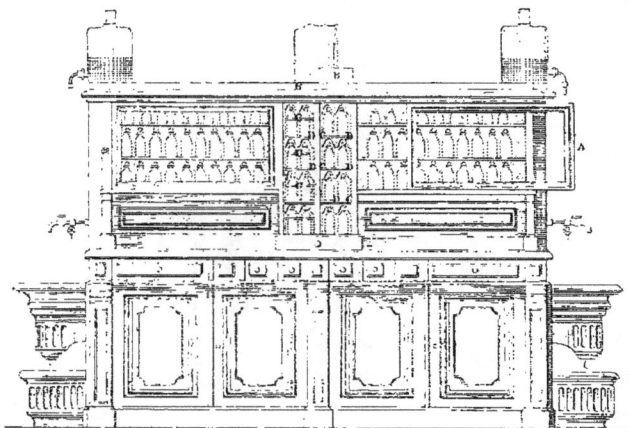

les tablettes à réactifs de chaque place. On peut fermer ces étagères par
un cadre B glissant dans des coulisses et portant des traverses C qui
barrent en quelque sorte les flacons (fig. 1, étagère gauche); pour dégager
ceux-ci il suffit de hausser le cadre jusqu'à ce que les traverses C soient
au niveau des consoles D (fig. 1, étagère droite). Les cadres étant baissés,
on peut les fixer aux montants à l'aide d'un cadenas. Dans la figure 1 l'étagère gauche est fermée, celle de droite est ouverte, le cadre B étant
soulevé.

Sur les petits côtés de chaque table de travail qui sont représentés en élévation (fig. 2), sont disposés, au-dessus des cuvettes, deux trompes d'Arzberger-Zulkowski H avec les baromètres K ; ces trompes sont construites en verre.

Les colonnes en fonte qui supportent le plafond passent par le milieu des tables, sur lesquelles sont posés, de chaque côté, les flacons à eau distillée. Les filtres, bouts de papier et résidus qu'il est interdit de jeter

Fig. 2. — Table de travail en élévation, vue de côté.

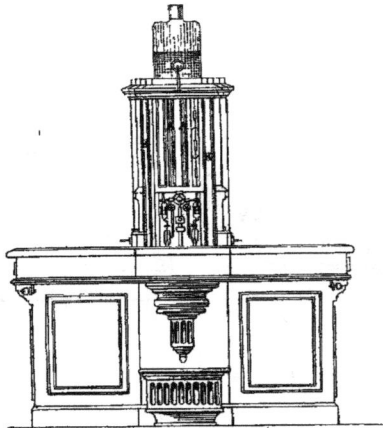

dans les cuvettes à eau, sont déposés dans des vases en grès placés sous ces cuvettes (fig. 1 et 2).

2. Appareils pour l'évaporation. — Les vapeurs corrosives qui se répandent souvent dans les laboratoires, offrent, entre autres inconvénients, celui de détériorer rapidement tous les objets en métal. M. Pebal a donc pris des dispositions particulières pour l'évacuation de ces vapeurs. Il a supprimé les grands bains de sable, destinés à l'usage commun, dont il est difficile de régler la température et où chaque opération est dans le cas de gêner ou de détériorer l'opération voisine, par suite de projections. Il a fait construire des âtres particuliers, et pris des dispositions spéciales pour l'évaporation des liquides, par divers procédés, en évitant le contact des vapeurs avec des métaux.

a. *Bains de vapeur*. — L'accès de la vapeur étant facile dans tous les laboratoires, on a supprimé les bains-marie ordinaires, et on a construit des bains-marie à vapeur en grès émaillé, avec des ronds en fonte émaillée (fig. 3, E). La vapeur pénètre dans ces bains-marie par des tubulures tangentielles, dans lesquelles sont fixés de petits tubes en laiton qu'on

Fig. 3. — Atre avec appareils à évaporation ; élévation.   Fig. 4. — Atre avec appareils à évaporation ; coupe.

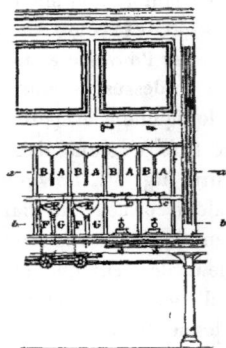

Fig. 4¹. — Coupe suivant la ligne *aa*.   Fig. 4². — Coupe suivant la ligne *bb*.

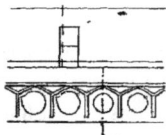

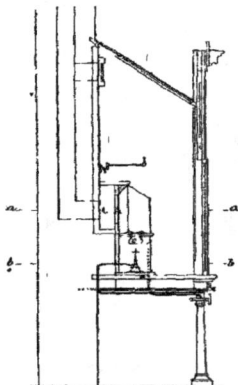

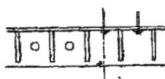

met en communication, au moyen de tubes en caoutchouc, avec les tuyaux F qui amènent la vapeur. L'eau de condensation s'échappe par des tuyaux en plomb G.

Lorsqu'il s'agit d'évaporer des quantités considérables de liquide,

les petits bains-marie à vapeur qu'on vient de décrire seraient insuffisants. On les remplace par des bains-marie en cuivre de plus grande
dimension, posés sur des trépieds communiquant par des tubes en caoutchouc avec les robinets qui débitent la vapeur sur les tables à expériences
ou sur les âtres.

b. *Appareils évaporatoires chauffés par des lampes à gaz*. (La figure 3 les
représente en élévation, en bas et à droite ; la figure 4¹ en donne la coupe).
— Dans le but de modérer et de distribuer uniformément la chaleur des
becs de Bunsen, on dispose ces derniers sous une petite cloche dans laquelle la flamme vient frapper une petite calotte
en grès *c* (fig. 3, 4 et 4³) ; les gaz de la combustion mélangés
d'air froid, après avoir traversé l'ouverture circulaire d'un
diaphragme en grès placé au-dessus, viennent lécher le
fond du vase renfermant le liquide à évaporer. Ces petits
modérateurs peuvent être fixés à volonté dans les ronds
des supports à gaz ordinaires (fig. 4³). Lorsque le liquide
bouillant déborde, la calotte protège la flamme et la
lampe. S'agit-il simplement de chauffer le fond d'un vase,

Fig. 4³. — Support
avec lampe à gaz
et modérateur.

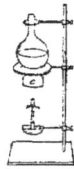

d'un matras par exemple, on place sur le modérateur un disque en grès,
percé d'une ouverture centrale dans laquelle on engage le fond du matras.
Cette disposition est très commode pour les sublimations. D'un autre côté,
une cornue placée sur le petit appareil et entourée d'un manteau en grès,
peut être enveloppée par les gaz de la combustion et portée à une température élevée.

c. *Niches à évaporation*. — Dans les âtres du grand laboratoire I (pl. II),
les bains de vapeur et appareils évaporatoires qui viennent d'être décrits
sont disposés dans des niches en faïence dont les figures 3 et 4 indiquent la
construction. Les vapeurs s'échappent en partie par les fentes A dans un
canal horizontal C (fig. 4), qui communique avec une cheminée, en partie
par des ouvertures pratiquées à la partie supérieure des niches et qui sont
pareillement en communication avec la cheminée. Les cloisons latérales ou écrans, B, empêchent les projections d'un appareil à l'autre. Ici
les brûleurs sont complètement protégés contre l'action des vapeurs.

Plan du rez-de-chaussée.

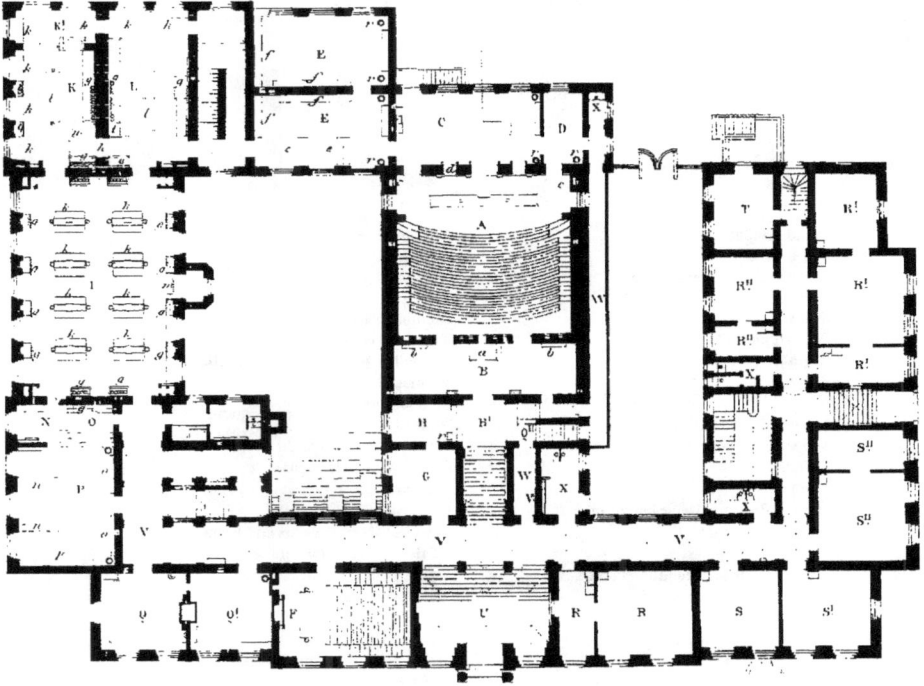

INSTITUT CHIMIQUE DE GRAZ

PLAN DU REZ-DE-CHAUSSÉE

LÉGENDE

A	Grand amphithéâtre.	T	Chambre donnant sur le jardin.
B	Vestibule et vestiaire.	U	Vestibule.
C	Laboratoire de préparation.	V	Corridor.
D	Parloir.	W	Passage.
E	Salles de collection.	X	Cabinets d'aisances.
F	Petit amphithéâtre.	a	Soupente en bois pour l'ap-
G	Chambre pour les Privat-Docenten.		pareil à projection. } salle B.
		b	Vitrines.

LABORATOIRES.

		c	Grandes niches à éva- } grand
I	Laboratoire d'analyse.		poration. } amphithéâtre.
K	Laboratoire pour les grosses opéra-	d	Fourneau à gaz.
	tions.	e	Armoires pour les appareils
K'	Lavoir.		de cours. } salle E.
L	Laboratoire pour les préparations.	f	Armoires.
M	Analyse spectrale.	g	Atres et niches pouvant être fermés à
N	Cabinet pour les assistants.		l'aide de vitraux à coulisses.
O	Magasin pour les produits chimiques.	h	Espace pour l'hydrogène sulfuré.
P	Chambre de balances.	i	Grand évier avec manteau vitré ; entre
Q	Analyse des gaz.		K et K'.
Q'	Laboratoire de physique.	k	Tables de travail.
Q"	Escalier de service.	l	Tables pour de grands appareils.
		m	Chaire dans le laboratoire J.

LOGEMENTS.

		n	Tables pour les balances.
R	Logement du machiniste.	o	Armoires.
R'	Logements des garçons de laboratoire.	p	Table pour les exsiccateurs.
R"	— du concierge.	r	Poêles à vapeur.
S S' S"	Logements pour les assistants.	v	Lavabos.

3. **Étuves à vapeur.** — Elles sont représentées (fig. 5) en élévation, (fig. 6) en profondeur. Construites en laiton et en cuivre étamé, elles se distinguent des appareils ordinaires de ce genre par une double

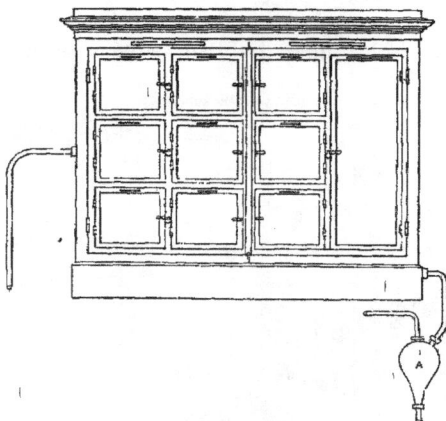

Fig 5. — Étuve à vapeur; élévation.　　　Fig. 6. — Étuve à vapeur ; coupe.

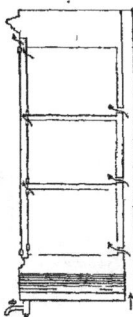

porte vitrée, la porte extérieure servant à garantir l'autre contre l'action de l'air ambiant. La vapeur qui sort de l'étuve, trop impure pour pouvoir servir à la préparation de l'eau distillé, est condensée dans les vases pyri-formes A, où tombe un courant d'eau froide.

4. **Chambre à hydrogène sulfuré.** — Dans les laboratoires d'opérations K et L (Pl. II), qui seront décrits ci-après, on a ménagé une chambre h, isolée par des cloisons vitrées, accessible de chaque côté par une porte. Cette chambre est destinée aux opérations qui exigent l'emploi de l'hydrogène sulfuré. Elle est adossée au mur qui sépare le grand laboratoire des laboratoires d'opérations et contre lequel s'appuient deux âtres g pouvant être fermés par des fenêtres à coulisses. L'un de ces âtres, destiné aux petites opérations, est garni d'un certain nombre de niches en faïence (fig. 7), ouvertes par devant et dont les parois postérieures inclinées, l'une contre l'autre à angle obtus, laissent

entre elles une fente longitudinale (le trait noir de la figure) qui communique avec un canal horizontal et par celui-ci avec une cheminée. Au-
dessus de chaque niche est posé un petit appareil laveur qui sert en quelque
sorte de témoin, dans le cas où un robinet serait ouvert. Indépendamment
de ce robinet à hydrogène sulfuré, à la disposition de chaque élève, le
même tuyau porte un autre robinet qui, ouvert par une clef spéciale, ne
laisse passer qu'un courant très lent de ce gaz. Dans certains cas il est

Fig. 7. — Atre pour les dégagements d'hydrogène sulfuré.

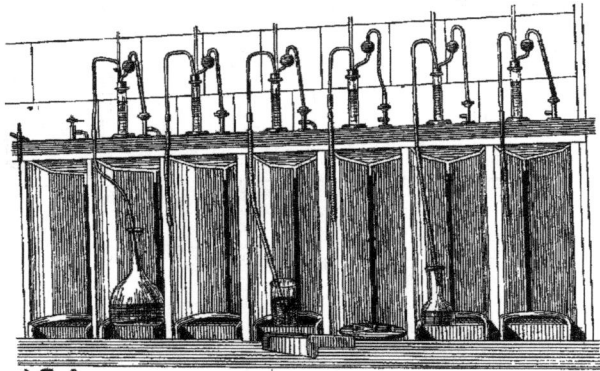

désirable de chauffer les liqueurs que l'on veut traiter par l'hydrogène
sulfuré. A cet effet, le plancher de chaque niche est percé d'une ouverture
circulaire qui reçoit l'appareil modérateur, décrit plus haut (page 48),
muni de sa plaque de faïence que l'on chauffe à l'aide d'un bec de
Bunsen disposé sous la table.

Dans les niches qui viennent d'être décrites, de grands appareils ne sauraient trouver place. Le second âtre est donc resté libre, la paroi postérieure
étant simplement formée de carreaux de faïence, et percée de fentes verticales par lesquelles les gaz sont aspirés dans le canal horizontal et dans la
cheminée.

L'appareil qui sert à la préparation de l'hydrogène sulfuré est disposé sous le manteau *d* qui surmonte une table placée dans la pièce A du sous-sol (pl. 1). La figure 8 représente cet appareil. L'acide sulfurique étendu placé dans le réservoir C arrive d'abord par le tube *d* à la partie supérieure du flacon B, pénètre ensuite, par le tube *h*, dans le ballon A qui renferme du sulfure de fer ; de cette façon il ne se mélange pas avec le sulfate, lequel, plus dense que l'acide sulfurique étendu, est amené par un tube au fond du flacon B. Au fur et à mesure que le sulfure de fer est converti en sulfate, ce dernier s'élève dans le flacon B et refoule l'acide sulfurique étendu : il s'établit donc une sorte de circulation de A en B et de B en A par *h;* dès que le flacon B est rempli de sulfate le dégagement cesse. Il est donc nécessaire de vider chaque soir le flacon B en inclinant le tube *e;* si on négligeait de le faire, les deux liquides se mélangeraient par diffusion. Cet inconvénient du mélange des liquides se produirait immédiatement par le mouvement des gaz, si on laissait

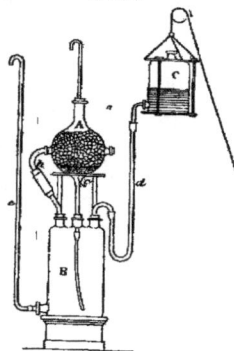

Fig. 8. — Appareil à hydrogène sulfuré.

tomber du sulfure de fer dans le flacon B. Pour empêcher qu'il en soit ainsi, on place au fond du ballon A une plaque de caoutchouc *c* percée de trous et par-dessus une couche de fragments de verre, recouverte elle-même par une feuille de caoutchouc. Lorsque le sulfure de fer est consommé jusqu'au niveau du tube latéral *h*, on remplit de nouveau le ballon A. Ce dernier repose sur un trépied en bois dont les pieds s'appuient sur la voûte du flacon B.

Les bouchons et les tubes de caoutchouc sont imprégnés de paraffine ; les derniers sont solidement liés, avec du fil de cuivre, sur les tubes de verre qu'on a soin de chauffer préalablement jusqu'au point de fusion de la paraffine. L'appareil ainsi monté peut fonctionner pendant un an. On le nettoye de temps en temps à grande eau, pour entraîner les dépôts. Il ne répand aucune odeur et procure un dégagement régulier d'hydrogène sulfuré, aussi longtemps que le flacon B n'est pas rempli de sulfate de fer.

Le sulfate de fer qui sort de l'appareil ne doit pas être évacué directement, car il est saturé d'hydrogène sulfuré. On le fait couler dans une chaudière à double fond chauffée à la vapeur et établie dans le sous-sol et sous le manteau e, à côté de l'appareil à hydrogène

Fig 9. — Chaudière à vapeur.

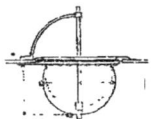

sulfuré (Pl. I). La chaudière est en cuivre et revêtue à l'intérieur d'une couche de plomb (fig. 9) ; elle porte à la partie inférieure une soupape en caoutchouc fixée à une tige de fer revêtue de plomb. Dans cette chaudière la solution de sulfate de fer, qu'on y fait couler directement à l'aide du tube e (fig. 8), peut être portée à l'ébullition en quelques minutes. On peut alors l'évaporer à cristallisation, ou l'évacuer par les canaux abducteurs en soulevant la soupape.

Fig. 10 et 11. — Appareil à gaz carbonique.

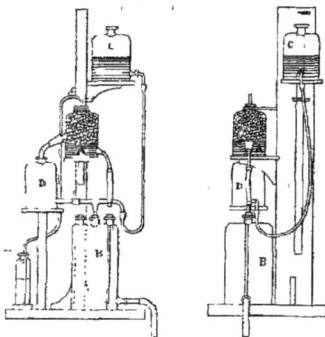

L'appareil à dégager de l'acide carbonique est construit d'après le même principe que le précédent (fig. 10 et 11). Il s'en distingue par ce détail, qu'entre les vases A et B se trouve intercalé un flacon D, qui sert de récipient au gaz carbonique, lorsque, après un dégagement tumultueux, on a arrêté brusquement la formation de ce gaz et que l'acide a été refoulé dans le flacon C.

Dans l'appareil à hydrogène sulfuré un tel récipient s'est montré superflu.

LABORATOIRES D'OPÉRATIONS.

Un grand nombre d'expériences et de préparations ne peuvent pas être faites aux places dont disposent les élèves, sur les tables de travail qui ont été décrites. Telles sont les opérations qui comportent l'emploi d'appareils plus ou moins compliqués ou l'intervention de températures élevées, ou qui donnent lieu au dégagement de gaz ou de vapeurs incommodes.

Les laboratoires K et L (Pl. II) sont disposés pour les opérations de ce genre. Des âtres règnent le long de leurs parois ; de grandes tables occupent le milieu ; chacune d'elles est munie de conduites d'eau et de bassins, de tuyaux amenant le gaz et la vapeur. Une petite table spéciale *u* porte un bec de gaz disposé pour le soufflage du verre ou la calcination des minéraux avec du carbonate de soude. La soufflerie d'une trompe alimente la flamme du gaz.

La pièce K′ est un lavoir. On y trouve, sous une niche bien ventilée, un grand évier en pierre, doublé de plomb et servant au nettoyage des grands vases et à l'évacuation des liquides répandant une mauvaise odeur. Cet évier est aussi accessible par la chambre K. Veut-on vider et nettoyer des ballons remplis de gaz nuisibles, on les remplit d'eau au-dessus de l'évier après avoir abaissé le châssis vitré sur le devant de la niche.

Des âtres *g g* règnent de chaque côté de la cloison qui sépare les laboratoires K et L : ils sont surmontés de manteaux et peuvent être clos par des châssis vitrés ; chacun d'eux est garni au fond d'un certain nombre de ces niches à évaporation, à vapeur ou à gaz, qui ont été décrites précédemment (page 47). Le devant reste libre de façon qu'on puisse monter sur ces âtres des appareils d'un certain développement. L'un d'eux renferme une étuve *t* chauffée à la vapeur (Pl. II).

Un troisième âtre *g*, spécialement destiné aux opérations exigeant une température élevée, est disposé dans le laboratoire L, le long de la paroi qui sépare cette pièce de l'escalier. Ici toutes les parties superficielles sont protégées par une couche de plâtre ou par des feuilles de tôle. Cet âtre est occupé au milieu par un espace accessible par des portes, et dans lequel la table a été supprimée. On peut donc y monter des appareils s'élevant à une certaine hauteur et reposant directement sur le sol. L'une des extrémités est occupée par un fourneau à fusion avec barreaux de fer mobiles formant grille.

Les figures 3, 4, 4′, 12, 13, 13′ indiquent la construction de ces âtres.

Les figures 4, 4¹ représentent des coupes de l'âtre où se trouvent disposés les appareils évaporatoires déjà décrits ; les figures 12, 13, 13¹, les parties de l'âtre qui sont demeurées libres. Dans ces dernières la paroi

Fig. 12. — Atre en élévation.

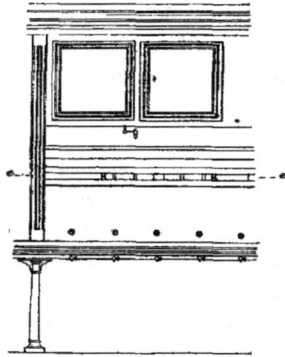

Fig. 13. — Atre ; coupe.

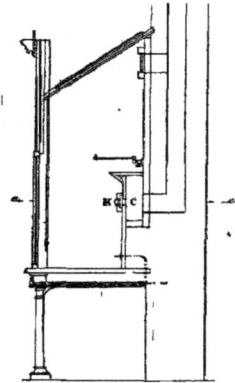

postérieure est percée de fentes pouvant être fermées par des tiroirs en faïence blanche K et par lesquelles les gaz et les vapeurs montent dans le conduit horizontal C, revêtu de carreaux de faïence et com-

Fig. 13¹. — Coupe suivant la ligne ee.

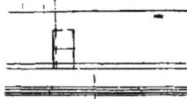

muniquant avec cinq cheminées verticales. La table de l'âtre lui-même est formée par des dalles en ardoise de Moravie, cimentées sur un lit de briques. La paroi postérieure est revêtue de carreaux de faïence blanche. L'âtre peut être fermé par des châssis vitrés suspendus à des cordes en fils métalliques et maintenus par des contrepoids qui s'élèvent et s'abaissent dans l'intérieur des colonnes creuses. Les tuyaux et robinets à gaz et à vapeur sont disposés sous l'entablement; les tuyaux de caoutchouc pénètrent sous l'âtre par des ouvertures percées dans la paroi postérieure. La figure 14 donne une vue générale d'un de ces âtres.

Fig. 14. — Atre de travail; vue générale en élévation.

La figure 15 donne la coupe verticale d'une étuve à vapeur. Les parois intérieures sont en plaques d'ardoise, les extérieures en carreaux de faïence ; dans l'intervalle cheminent les tuyaux à vapeur B, par séries de dix, en communication, d'un côté, avec des tuyaux d'alimentation A, et, de l'autre côté, avec des tubes abducteurs C qui conduisent la vapeur dans un condensateur D. L'air arrive dans l'intervalle des cloisons, par une sorte de tambour placé à la partie inférieure et après avoir traversé une toile métallique garnie d'une couche de coton. Il pénètre dans l'étuve à la partie supérieure, la traverse en diagonale et s'échappe par une ouverture placée en bas, dans une petite cheminée s'ouvrant sous le

Fig. 15. — Étuve à vapeur.

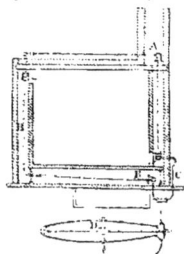

manteau de l'âtre. La température de cette étuve atteint facilement 60°.

Nous avons dit plus haut que la lampe à émailleur est alimentée par la soufflerie d'une trompe. M. Pebal donne la description suivante de la trompe qu'il a fait construire à cet effet. L'eau arrive par le tube C,

Fig. 16. Trompe.   Fig. 17. Trompe.   Fig. 17¹. Robinets des trompes.

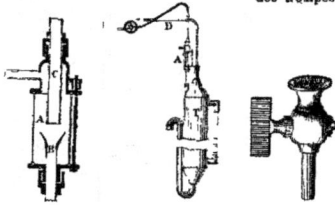

qui est fermé (fig. 16) en bas par une plaque percée de trous, et tombe en un faisceau de jets parallèles dans la partie évasée en entonnoir du tube B où elle entraîne l'air du cylindre en verre A, air qui est aspiré en c. La figure 17 donne le dessin de l'appareil tout entier. L'eau tombe avec l'air dans le tambour T et s'écoule par le tuyau recourbé qui termine ce tambour à la partie inférieure, tandis que l'air s'échappe par le tube D soudé à l'extrémité supérieure du tambour. C'est la disposition ordinaire qu'on donne à ces appareils. Celui qui fonctionne au laboratoire de Graz entraîne en une minute 30 litres d'air en consommant 30 litres d'eau. Il fait le vide en deux minutes, jusqu'à la tension de la vapeur d'eau, dans une cloche de $0^m,22$ de hauteur et de $0^m,18$ de diamètre.

Fig. 17². Robinets des trompes.

Fig. 18. — Massif en maçonnerie disposé pour le chauffage des creusets.

Il peut servir aussi à aspirer et à comprimer le gaz de l'éclairage.

Lorsqu'on veut se servir de la soufflerie pour la lampe à émailleur, il est nécessaire de maintenir constante la pression de l'air dans le tambour T, pression qui tend à varier suivant qu'on dirige dans la flamme un jet d'air plus ou moins fort. Il faut donc que l'écoulement de l'air soit régulier. A cet effet, le robinet d'écoulement (fig. 17¹) est percé d'une seconde ouverture, à côté du conduit central, de telle façon qu'à mesure qu'une ouverture se ferme, lorsqu'on tourne, pour diminuer l'écoulement de l'air (fig. 17²), une autre s'ouvre pour l'augmenter et lui livrer passage dans une autre direction ;

de cette façon le débit de l'air et sa pression demeurent constants.

L'eau distillée est préparée dans un alambic à double fond et à vapeur, placé dans la chambre A du sous-sol. La vapeur arrivant dans le double fond sous une pression de deux atmosphères, l'appareil fournit 40 litres d'eau distillée en trois heures, avec une consommation de charbon de 70 kilogrammes. On peut aussi faire arriver directement la vapeur dans l'eau de l'alambic.

ANNEXES DES GRANDS LABORATOIRES.

Parmi les annexes des laboratoires d'analyses et d'opérations, nous mentionnerons les locaux suivants :

1° *Pièces pour les assistants.* — Les assistants disposent de deux pièces N et O (Pl. II), situées dans le voisinage de la grande salle I, et qui servent à la conservation des appareils, produits et provisions diverses. Un ascenseur met ces pièces en communication avec le sous-sol. C'est dans la pièce O que les réactifs sont distribués dans les flacons, pour l'usage des laboratoires. Pour les acides volatils et l'ammoniaque cette opération se fait sous le manteau g.

2° *Chambre de balances* — C'est une grande pièce bien éclairée P (Pl. II). Les tables n qui portent les balances reposent sur de solides piliers en maçonnerie. La grande table p reçoit les exsiccateurs dans lesquels on fait le vide à l'aide de la pompe à mercure ou d'une trompe. Contre les murs, au-dessus de cette table, sont fixées diverses étuves. Les grandes armoires o servent de garde-robes.

3° *Laboratoire de physique.* — Il est formé de deux pièces Q et Q (pl. II) communiquant entre elles par une porte. Une grande niche à châssis vitré, pratiquée dans le mur qui les sépare, est commune aux deux pièces. Le parquet est en ciment. La pièce Q sert surtout pour l'analyse des gaz, Q' pour les recherches thermochimiques et électro-chimiques. La pile est disposée sous un coffre vitré, placé en Q. A côté de la niche, dans la pièce Q', est fixé un petit moteur à eau destiné à mettre en mouvement des agitateurs dans des liquides où la température doit être maintenue constante.

4° Le *laboratoire pour l'analyse organique* est situé au premier étage
en L (Pl. III). Les grilles à combustion sont placées sur des tables en
ardoises et abritées par des toits en zinc. Deux petits fourneaux en
maçonnerie g (fig. 18) servent à chauffer le creuset à l'aide d'un
brûleur Perrot.

Deux gazomètres, l'un pour l'oxygène, l'autre pour l'air, reposent sur
une plaque de tôle avec rigole pour l'écoulement de l'eau. Au-dessus
d'eux est fixé à la paroi un réservoir de pression dans lequel l'afflux est
réglé par un flotteur. L'oxygène et l'air des gazomètres sont conduits par
des tubes en fer dans les appareils à dessiccation. Une lampe à émailleur,
des étuves et des exsiccateurs complètent l'ameublement de cette
pièce.

Mentionnons encore les locaux suivants :

5° *Pièce disposée pour le chauffage des tubes fermés.* — Elle est située
entre le premier étage et les combles. Les appareils servant au chauffage
des tubes sont placés sur des bancs de pierre et séparés les uns des autres
par des cloisons en ciment.

6° *Pièce destinée aux expériences photochimiques.* — Située dans les
combles, elle reçoit la lumière directe du soleil par de grandes fenêtres.
Un manteau de cheminée sert à l'évacuation des gaz nuisibles.

LE GRAND AMPHITHÉÂTRE.

Cet amphithéâtre s'élève à la partie postérieure du pavillon central, dans
une situation qui a permis de l'éclairer latéralement par huit grandes
fenêtres. Devant la salle de cours, du côté de l'entrée, sont situés divers
locaux, d'abord un vestibule B' (Pl. II) et une grande antichambre B, sorte
de salle des Pas-Perdus servant aussi de vestiaire; à gauche du vestibule,
une salle de collection H pour les préparations pharmaceutiques, une
pièce C' annexe du laboratoire de préparation C. Ce dernier est situé
derrière le grand amphithéâtre, et communique avec lui, non seulement
par une porte, mais encore par de larges ouvertures percées dans la paroi
de séparation, le long de laquelle sont établis les âtres avec manteau de

Plan du 1ᵉʳ étage.

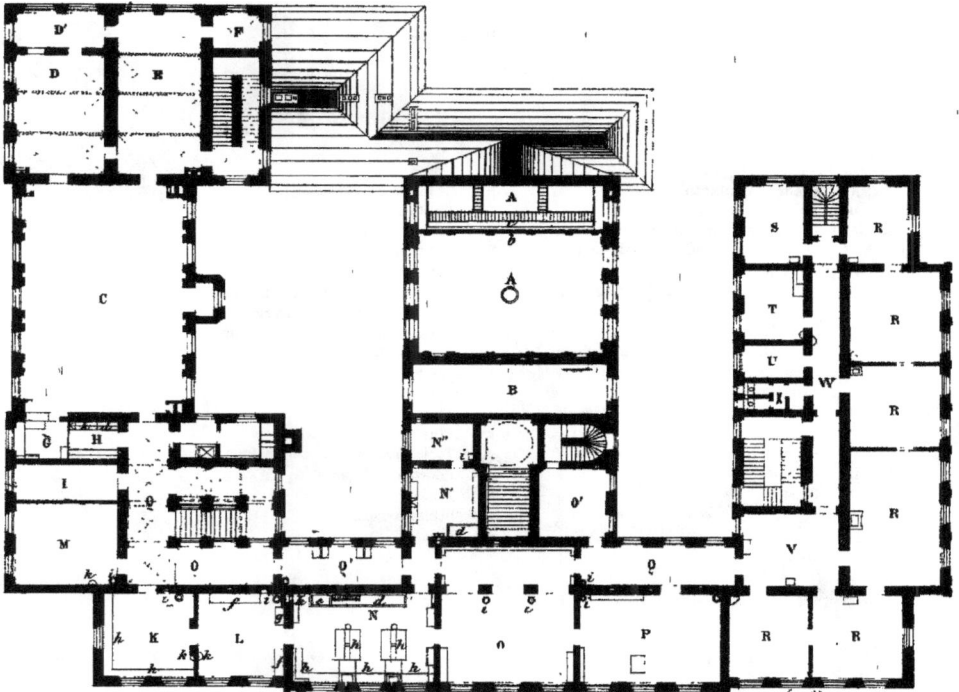

0 1 2 3 4 5 6 7 8 9 10   15   20 mètres

INSTITUT CHIMIQUE DE GRAZ

PLAN DU PREMIER ÉTAGE

LÉGENDE

A   Grand amphithéâtre.
B   Antichambre.
C D D' ⎰ Locaux destinés à être convertis en la-
E F G   ⎱ boratoires pour les élèves avancés.
H   Magasin.
I   Chambre noire pour l'analyse spec-
     trale.
K   Chambre de balances.
L   Laboratoire pour l'analyse organique.
M   Atelier mécanique.
N N'N' Laboratoires du professeur.
O   Bibliothèque et instruments délicats.
O'   Salle de lecture.
P   Cabinet de travail du professeur.
Q   Corridor.
Q'   Passage.

APPARTEMENT DU PROFESSEUR.

R   Salon et chambres.

S   Chambre de domestiques.
T   Cuisine.
U   Salle à manger.
V   Antichambre.
W   Corridor.
b   Mur séparant l'espace situé au-des-
     sus de la table à expériences, de
     l'amphithéâtre. Derrière, rampe à
     gaz de 120 becs.
c   Passage suspendu donnant accès à la
     rampe à gaz, etc.
d   Aires.
e   Étuve à vapeur.
f   Tables pour l'analyse organique.
g   Fourneaux à gaz.
h   Tables.
i   Poêles à vapeur.
k   Lavabos.

cheminée (fig. 19). Les châssis vitrés qui ferment ces âtres peuvent être
levés ou baissés à volonté, de façon à établir ou à intercepter la communication entre la salle de cours et le laboratoire de préparation.

Des dispositions excellentes ont été prises pour l'éclairage artificiel de
cette salle de cours. Il s'agit surtout de mettre en pleine lumière les appa-

Fig. 19.   Grand amphithéâtre, vue prise du fond.

reils et les expériences. A cet effet, il ne convient pas d'éclairer latéralement la table à expérience à l'aide de la lumière électrique qui fournit,
d'un côté, des clartés trop vives, de l'autre, des ombres trop noires.
Il est préférable d'éclairer uniformément les objets, à l'aide d'une
lumière vive mais diffuse, dont la source soit cachée aux auditeurs. A
l'exemple du professeur Landolt, d'Aix-la-Chapelle, on a donc éclairé la
table d'expériences à l'aide d'une rampe de becs de gaz munis de réflecteurs

et placés au plafond, au-dessus de la table à expériences (fig. 19). On voit par la figure que l'architecture de l'amphithéâtre rappelle celle des théâtres. la place où le professeur parle et expérimente correspondant à la scène. Cette partie reçoit le jour par 4 fenêtres spéciales dont 2 sont visibles (fig. 19 et 20). Comme on le voit dans la figure 20, son plafond est beau-

Fig. 20. — Grand amphithéâtre, vue prise du côté du professeur.

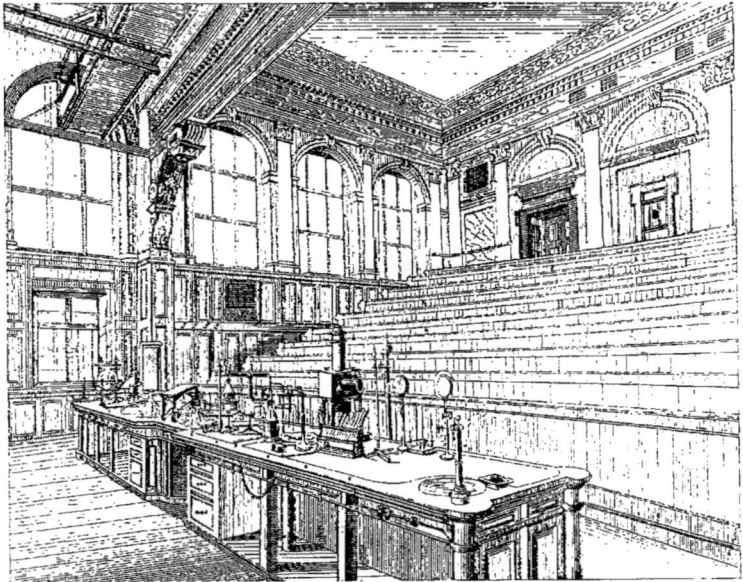

coup moins élevé que celui de la salle de cours proprement dite, et c'est derrière la grande baie qui s'ouvre sur l'amphithéâtre, qu'est disposée la rampe de becs de gaz dont il a été question et qui est cachée aux auditeurs.

Les bancs avec dossiers à pupitres s'élèvent les uns derrière les autres sur un plan incliné, de telle sorte que chaque série d'auditeurs puisse apercevoir la table à expérimentation par-dessus les séries précédentes. Comme les places du côté des parois latérales sont moins avantageuses, on a placé les couloirs de ce côté.

La table à expérimentation, avec dessus en bois de chêne, mérite une description spéciale. Du côté des auditeurs et latéralement elle est close par des ventaux qui peuvent être enlevés au besoin. Aux deux extrémités deux bassins avec robinets, au milieu une cuve à eau dont le couvercle est de niveau avec la table. Celle-ci est percée en outre de deux ouvertures circulaires, que des tuyaux de terre cuite mettent en communication avec des cheminées. C'est par là que s'échappent les vapeurs nuisibles qui sont dégagées sur la table à expériences. Sous cette dernière arrivent les tuyaux pour la conduite du gaz, de l'air comprimé, de l'hydrogène, de l'oxygène, de la vapeur d'eau, et les robinets de tous ces tuyaux sont disposés pareillement sous la table à bonne portée de l'opérateur ; les tubes de caoutchouc passent par des trous qui y sont pratiqués, et sont ainsi amenés sur la table. Les commutateurs à vis de deux conducteurs électriques, l'un en fil gros, l'autre en fil mince, surgissent pareillement et alternativement tout le long de la table du côté des auditeurs. Les boutons des deux sonnettes électriques permettent de communiquer avec le télégraphe de la maison et avec l'antichambre B où est disposé l'appareil à projection.

Dans le mur opposé à l'amphithéâtre on a pratiquée trois niches (fig. 19) ; celle du milieu établit la communication entre la salle de cours et le laboratoire de préparation et sert à disposer des appareils ; celle de gauche abrite un four Perrot, celle de droite sert à mettre de côté les appareils qui ont été montrés aux cours ; la niche du milieu peut être close, soit par un tableau noir, soit par une glace dépolie, qu'on peut lever ou baisser à volonté derrière le tableau noir.

L'amphithéâtre est éclairé par un lustre formé de 104 becs de gaz, qui peut être enlevé dans une cavité pratiquée dans les combles, au-dessus du plafond.

Comme on l'a fait remarquer plus haut, la table à expériences est éclairée d'une façon spéciale par une sorte de rampe à gaz formée de deux tuyaux qui courent parallèlement au plafond, derrière la baie qui s'ouvre sur l'amphithéâtre. Ces tuyaux sont munis l'un de 40, l'autre de 80 becs, disposition qui permet de faire briller à volonté 40, 80 ou 120 feux. Ceux-ci sont disposés en ligne droite et assez près les uns des autres pour que la flamme se propage d'un bout à l'autre, lorsqu'on allume l'un des becs, à l'aide d'une étincelle électrique. Le lustre est allumé de la même façon. Les robinets qui règlent l'arrivée du gaz sont ajustés commodément à côté de la porte.

S'agit-il d'éclairer fortement de petits appareils, on peut les disposer sur la table de la niche centrale, devant la glace dépolie abaissée, et éclairer fortement celle-ci par derrière, en y projetant la lumière solaire à l'aide d'un héliostat, ou la lumière électrique. De cette façon de petits détails deviennent visibles à distance.

Pour certaines expériences, il est nécessaire au contraire d'obscurcir complètement l'amphithéâtre. On y arrive en baissant devant les fenêtres des stores en toile de lin, revêtus des deux côtés d'une couche de couleur noire à l'huile. Ces stores courent dans des coulisses profondes, elles-mêmes peintes en noir et qui ne laissent pas passer la moindre clarté. Les fils qui mettent en mouvement les rouleaux de chacun de ces stores, s'enroulent séparément sur quatre gorges pratiquées dans un tambour qui est mis en mouvement par un arbre muni d'un engrenage approprié. Les projections se font à l'aide d'une lampe de Dubosc (voir la fig. 20) sur un écran blanc, qui peut être abaissé, en se déroulant devant la grande niche centrale.

Un appareil particulier disposé dans le réduit a de l'antichambre B (Pl. II) sert à projeter les images photographiques sur verre, sur la paroi opposée de la salle de cours. On éclaire par la lumière de Drummond ou par celle fournie par une machine de Siemens et Halske de Berlin. Cette dernière est disposée dans la chambre de la machine à vapeur G du sous-sol. Enfin de grands gazomètres pour l'oxygène, l'hydrogène, le gaz de l'éclairage comprimé, sont disposés dans la pièce C" du sous-sol. Ils peuvent être mis en communication, par un tube, soit avec un réservoir du laboratoire de préparation, soit directement avec les conduites d'eau de la ville, de telle sorte qu'on peut obtenir à volonté une pression de 2 ou de 6 atmosphères. Les deux gazomètres peuvent d'ailleurs être mis en communication l'un avec l'autre par un tube. Un tuyau de plomb conduit le gaz de chaque gazomètre sur la table à expériences, dans la salle de cours.

LABORATOIRE DE CHIMIE
DE L'ACADÉMIE DES SCIENCES DE MUNICH

L'Académie des sciences de Munich possédait depuis 1815 un laboratoire de chimie qui avait été construit d'après les indications du chimiste de cette académie, Gehlen. En 1827, lors du transfert de l'Université de Landshut à Munich, ce laboratoire devint en même temps celui de l'Université. A. Vogel y a professé ; J. de Liebig y a terminé en 1873 sa glorieuse carrière. Reconstruit depuis quelques années, ce laboratoire est aujourd'hui le plus grand de l'Allemagne, car il peut admettre de 150 à 200 travailleurs. Le digne et illustre successeur de Liebig, M. le professeur A. Baeyer en fait le foyer des plus brillantes découvertes.

Cet établissement est partagé en quelque sorte en deux départements, séparés au point de vue de l'installation et de la direction, l'un afférant à la chimie minérale, l'autre à la chimie organique. Chaque directeur a son laboratoire particulier avec ses annexes. Les assistants travaillent dans les grands laboratoires. Dans le but de favoriser l'émulation et les bons rapports entre les élèves, on n'a pas jugé convenable d'attribuer de petits laboratoires à ceux qui se livrent à des recherches particulières.

M. le professeur Baeyer occupe une maison d'habitation contiguë au laboratoire (voir Pl. IV et V). Un bâtiment spécial est pareillement affecté aux logements des assistants et des gens de service.

L'édifice, élevé sur un sous-sol, comprend un rez-de-chaussée et un premier étage. Le sous-sol est disposé pour les magasins, ateliers, laboratoires pour les fusions, grosses opérations, etc. Au rez-de-chaussée sont installés les laboratoires de chimie organique, au premier étage les labo-

ratoires de chimie minérale. Les bâtiments du laboratoire forment
deux ailes en équerre, dont l'une se développe en façade sur le jardin
botanique, et dont l'autre fait face à des propriétés particulières parallèlement à la « Carlstrasse ». A l'angle de ces deux bâtiments et à la partie
centrale des laboratoires, par conséquent, se trouvent placés la grande
cheminée et un ascenseur qui met en communication entre eux et avec les
magasins les quatre grands laboratoires, dont deux au rez-de-chaussée,
deux au premier étage (voir les plans). Une construction est adossée à
chaque extrémité des ailes qui contiennent les laboratoires, l'une, du côté
du sud-est, pavillon d'habitation des gens de service, l'autre, du côté du
nord-est, laboratoire particulier des professeurs.

La forme générale des bâtiments et diverses dispositions spéciales ont
été commandées en quelque sorte par la configuration du terrain disponible et par cette circonstance qu'on a voulu conserver le laboratoire et la
salle de cours de Liebig, salle très remarquable par ses qualités acoustiques.
Le plan adopté comportait difficilement l'établissement d'un escalier central ; celui-ci a été remplacé par deux escaliers qui donnent accès, dans
chaque aile, aux grands laboratoires, et dont l'un dessert, en même temps,
le bâtiment des logements. Près de la grande cheminée il y a, en outre,
un escalier de service.

L'ancien laboratoire situé dans le sous-sol sous l'amphithéâtre a été mis
en communication avec les nouveaux bâtiments par une série de pièces
qui aboutissent à la partie de l'aile nord située entre les laboratoires particuliers et les grands laboratoires.

L'établissement compte trois cours (Pl. IV). La cour principale est
limitée de deux côtés par les bâtiments des laboratoires et à l'est par la
construction centrale qui contient l'amphithéâtre. Elle donne accès aux
principaux services par les trois escaliers ; elle sert d'entrée pour le charbon et autres marchandises destinées aux laboratoires. De ce côté sont
situés, dans le sous-sol, le magasin de charbon, la chambre des chaudières, la glacière, etc. Un *inspecteur spécial*, qui demeure au rez-de-
chaussée du bâtiment des logements, peut surveiller facilement les entrées,
les sorties et en général tous les services. La seconde cour est située de

Plan du sous-sol.

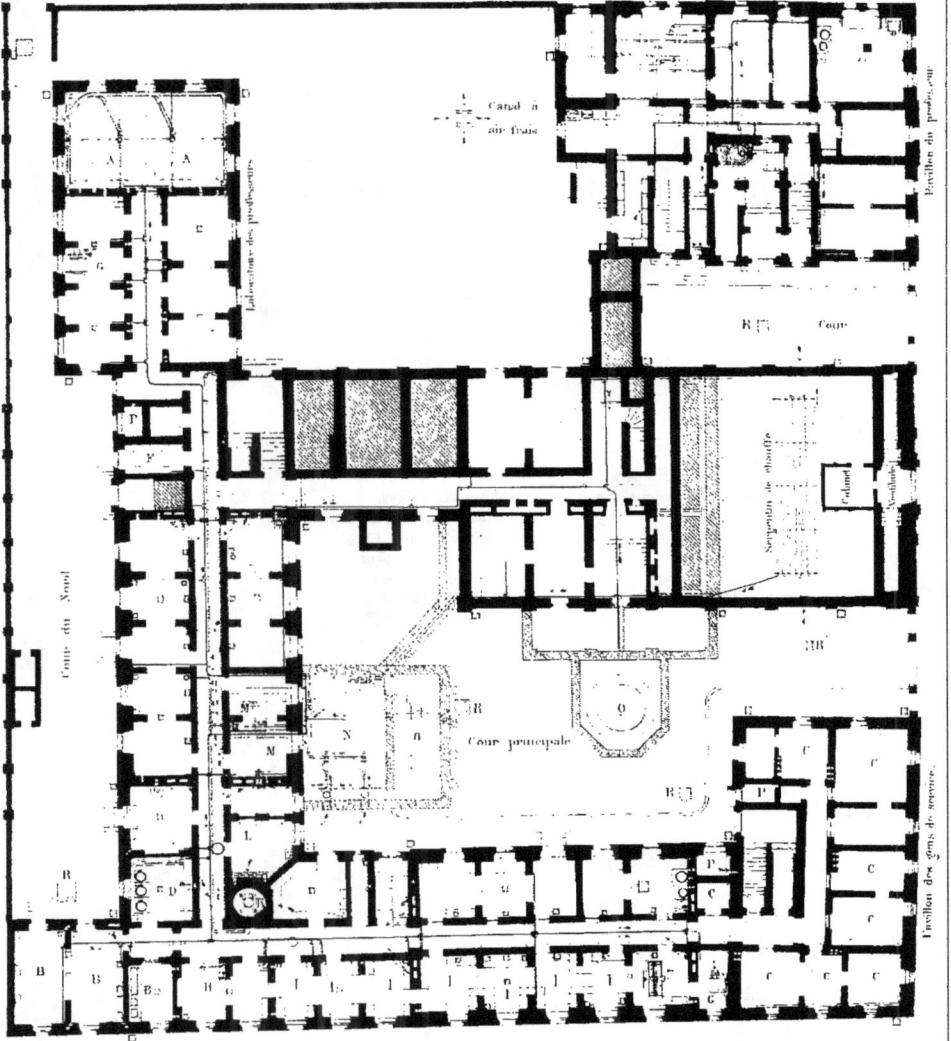

LABORATOIRE DE CHIMIE DE MUNICH

———

PLAN DU SOUS-SOL

———

LÉGENDE

A	Laboratoires pour les grosses opérations.	J	Magasins.
B	— pour les opérations dangereuses.	K	Grande cheminée.
C	Caves.	L	Laboratoire pour les distillations.
D	Cave pour les acides.	M	Ateliers du machiniste.
E	Laboratoire pour les fusions.	N	Chaudières à vapeur.
F	Cave pour les cristallisations.	O	Magasin à charbon.
G	Compteurs.	P	Fosses mobiles.
H	Ascenseur.	Q	Glacière.
		R	Puisards.

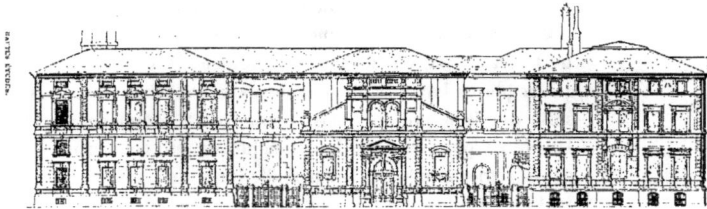

Fig. 21. — Laboratoire de chimie de Munich. Façade méridionale sur la « Sophienstrasse ».

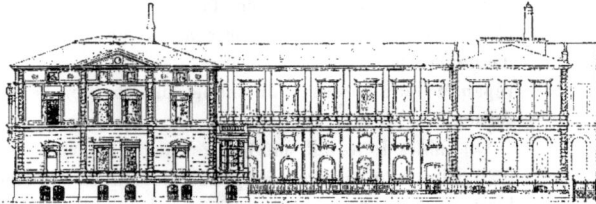

Fig. 22. — Laboratoire de chimie de Munich. Façade sur la « Arcistrasse ».

l'autre côté de l'aile du nord, à la limite du terrain : elle sert uniquement à nous donner accès à la lumière de ce côté-là. La troisième cour est située entre la construction centrale (ancien laboratoire) et le pavillon du professeur : elle sert d'entrée à ce pavillon.

Après avoir décrit le plan général de l'édifice, nous donnons maintenant quelques détails sur l'installation des laboratoires.

LABORATOIRES DE CHIMIE ORGANIQUE.

Deux grands laboratoires situés au rez-de-chaussée (Pl. V) A, B, reçoivent l'un les commençants, l'autre les élèves les plus avancés. La disposition intérieure est la même. Huit grandes tables, avec étagères au milieu, sont placées perpendiculairement aux parois percées de fenêtres, de façon à recevoir le jour latéralement. A chaque table sont disposées quatre places dans la salle A, deux places seulement dans la salle B, de telle sorte que la première puisse admettre 32 commençants et la deuxième 16 élèves plus avancés. Le plancher est en bois, mais tout autour des parois règne une bande en asphalte large de 1 mètre et sur laquelle reposent les cuvettes et les « digesteurs » ou compartiments vitrés disposés dans l'embrasure des fenêtres et qui seront décrits plus loin. Au milieu de cette bande est creusée une rigole, formée par la moitié d'un tuyau en asphalte, et qui conduit dans un canal de décharge toute l'eau provenant des tables de travail, des cuvettes, des digesteurs et même celle qui est répandue par hasard ; une simple planche couvre cette rigole sans la fermer.

Les tables de travail sont longues de $3^m,1$, larges de $1^m,56$, hautes de $0^m,9$. Elles sont partagées longitudinalement en deux moitiés par une profonde rigole en plomb qui sert à l'écoulement de l'eau des tubes réfrigérants et des bains-marie à niveau constant.

Les conduites d'eau et de gaz règnent au-dessus de cette rigole ; une petite étagère portant les flacons à réactifs recouvre le tout comme un pont. Les cuvettes d'eau sont disposées devant les piliers des fenêtres, comme le montre la figure 24. Elles sont munies de fermetures hydrauliques. Les

Plan du rez-de-chaussée.

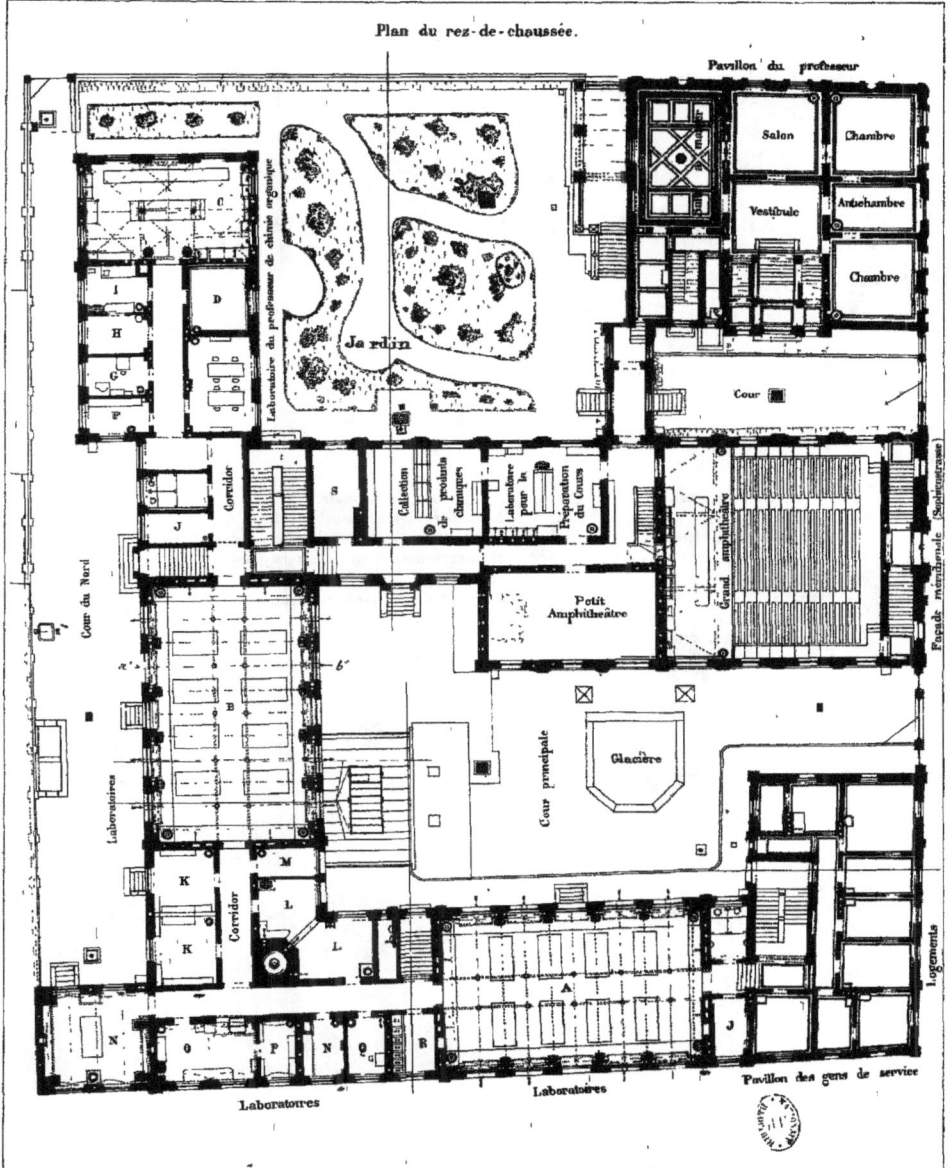

Pavillon du professeur

Salon   Chambre

Vestibule   Antichambre

Chambre

Cour

Laboratoire du professeur de chimie organique

Jardin

Collection de produits chimiques

Laboratoire pour la Préparation du Cours

Grand amphithéâtre

Petit Amphithéâtre

Corridor

Cour du Nord

Laboratoires

Cour principale

Glacière

Façade méridionale (Sophienstrasse)

Corridor

Logements

Laboratoires

Laboratoires

Pavillon des gens de service

Gravé par L. Sounet.   Paris Imp. Becquet

PLANCHE V

LABORATOIRE DE CHIMIE DE MUNICH

PLAN DU REZ-DE-CHAUSSÉE

LÉGENDE

A	Laboratoire (60 places).	K	Chambre de balances.
B	id.	L	Laboratoire à hydrogène sulfuré.
C	Laboratoire du professeur.	M	Machines pneumatiques et exsiccateurs.
D	Cabinet du professeur.	N	Laboratoires pour les combustions.
E	Bibliothèque.	O	Lavoir.
F	Balances.	P	Collection de produits chimiques.
G	Exsiccateurs et lampe à émailleur.	Q	Lampe à émailleur.
H	Préparations chimiques.	R	Chambre à explosions.
I	Lavoir.	S	Laboratoire.
J	Vestiaires.		

parois sont en chêne (hauteur 0^m,3, longueur en bas 0^m,69. en haut 0^m.60 ; largeur en bas 0^m,38, en haut 0^m,35).

Fig. 23. — Coupe transversale des laboratoires suivant la ligne a'b' du plan (pl. V).

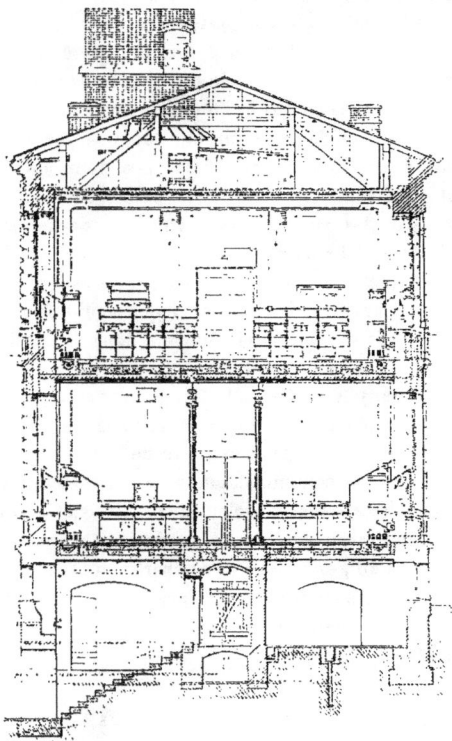

Des dix embrasures de fenêtres deux sont restées libres au milieu. les huit autres sont garnies de « digesteurs ». c'est-à-dire de réduits ou compartiments vitrés où sont disposées des tables occupant toute la largeur de l'embrasure. Les tables sont longues de $2^m,1$, larges de $0^m,61$, hautes de $0^m,98$. Elles sont couvertes de compartiments vitrés pouvant être divisés en deux loges par une paroi mobile. On les voit en coupe (fig. 23), et en élévation (fig. 24). La paroi postérieure du double compartiment vitré, qui s'élève à une petite distance devant la fenêtre, offre une hauteur de $1^m,3$, la paroi antérieure est formée par deux fenêtres à coulisses pouvant être levées ou abaissées par le moyen de contre-poids. Les fenêtres présentent une hauteur de $0^m,9$ sur une longueur de $1^m,95$. Les coulisses s'élèvent à une hauteur de $2^m,04$. Les deux autres parois du compartiment vitré sont formées par les piliers des fenêtres, lesquels sont traversés par des conduits s'ouvrant à la partie supérieure du digesteur et destinés à l'évacuation de l'air vicié. Ces conduits sont indiqués par des lignes ponctuées (fig. 24). Toutes les parties du digesteur peuvent d'ailleurs être démontées, ce qui facilite le nettoyage. Les tuyaux pour la sortie de l'air vicié s'ouvrent dans la paroi latérale des piliers des fenêtres, un peu au-dessous du plafond vitré qui ferme le réduit ou « digestorium ». De cette façon chaque moitié de ce dernier peut être ventilée à part. Les robinets d'eau et de gaz sont disposés un peu au-dessous du bord extérieur de la table, et les tuyaux de caoutchouc, qui sont en communication avec ces robinets, pénètrent au travers de trous percés dans la table, dans l'intérieur du digesteur. De cette façon chaque travailleur trouve à portée de sa place : 1° une grande cuvette à eau ; 2° un « digestorium » ou compartiment vitré pour les opérations dégageant des gaz ou des vapeurs incommodes, et, 3° devant ce digesteur, l'espace libre que forme la bande d'asphalte et qui permet d'y monter de grands appareils.

LABORATOIRES DE CHIMIE MINÉRALE.

Ils sont situés au premier étage (Pl. VI); leur installation est analogue à celle des laboratoires de chimie organique, à cette différence près que les conduites d'eau creusées dans la bande d'asphalte sont fermées au lieu d'être à jour et que la construction des tables est un peu différente. On a

Plan du 1ᵉʳ étage.

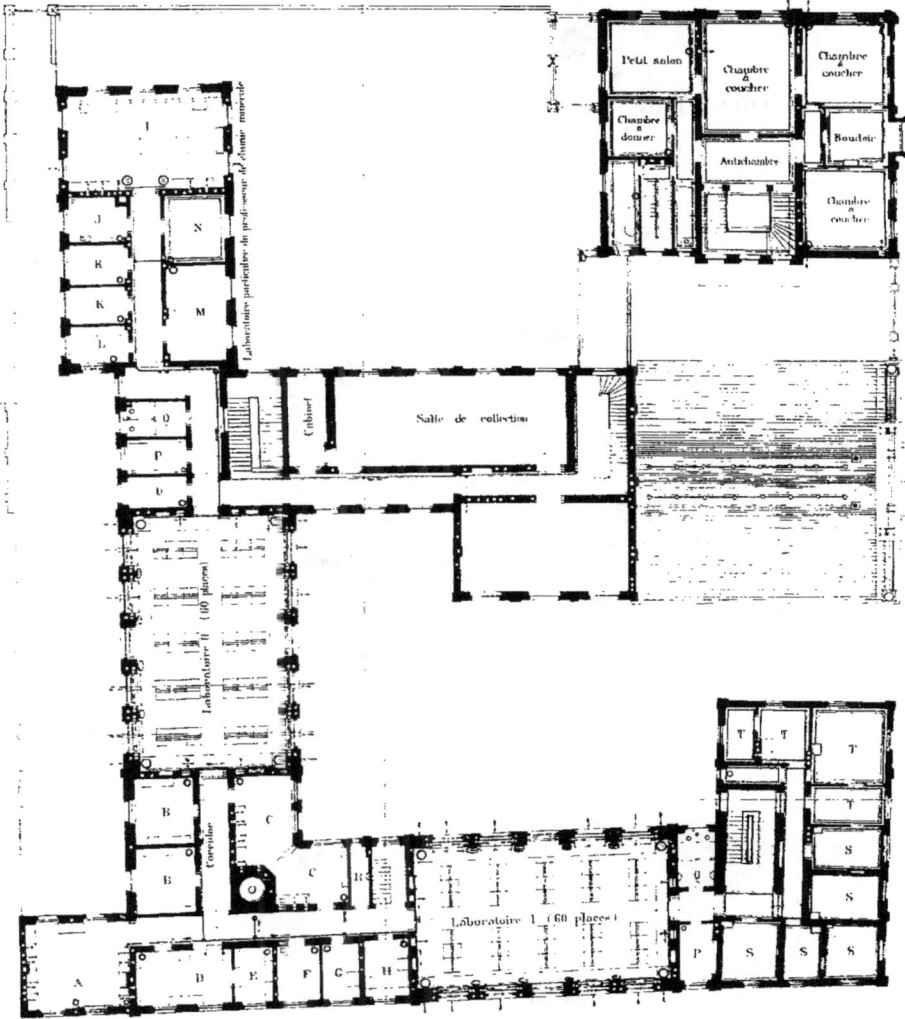

LABORATOIRE DE CHIMIE DE MUNICH

PLAN DU PREMIER ÉTAGE

LÉGENDE

A   Laboratoire pour les opérations incom-
    modes.
B   Chambres de balances.
C   Chambre pour les dégagements d'hydro-
    gène sulfuré.
D   Lavoir.
E   Préparations et produits chimiques.
F   Fusions et opérations à haute pression.
G   Machines pneumatiques, trompes et lam-
    pes à émailleur.
H   Analyses par liqueurs titrees.
I   Laboratoire du professeur de chimie
    minérale.

J   Lavoir et fusions.
K   Analyse des gaz.
L   Chambre des balances.
M   Cabinet de physique.
N   Cabinet du professeur.
O   Bibliothèque.
P   Vestiaires.
Q   Cabinets d'aisances.
R   Urinoirs.
S   Appartement de l'assistant.
T   Logements des préparateurs.

supprimé les rigoles à écoulement qui partagent en deux moitiés les tables précédemment décrites, l'expérience ayant montré que ces tables à rigole, très convenables pour les travaux de chimie organique, le sont beaucoup moins pour des commençants, enclins à la négligence. Dans chaque salle sont placées 10 doubles tables à 6 places chacune, 3 de chaque côté et dont voici les dimensions : longueur 3^m,1, hauteur 0^m,95, largeur 1^m,25. Elles sont partagées longitudinalement en deux moitiés par une cloison en bois qui porte les supports ou étagères à réactifs. Le long de cette cloison sont disposés, à chaque place, trois robinets, deux pour le gaz, un pour l'eau. Chaque table est percée d'un trou garni d'une virole en cuivre et par lequel s'écoule l'eau des bains-marie à niveau constant, des réfrigérants et des petites trompes en verre qui sont à la disposition de chaque travailleur. Dans chaque salle est placé, en outre, sous une niche vitrée faisant office de cheminée, un bassin ou évier qui sert au nettoyage des appareils à chlore.

Les figures 23 et 24 donnent une idée de la disposition intérieure des laboratoires.

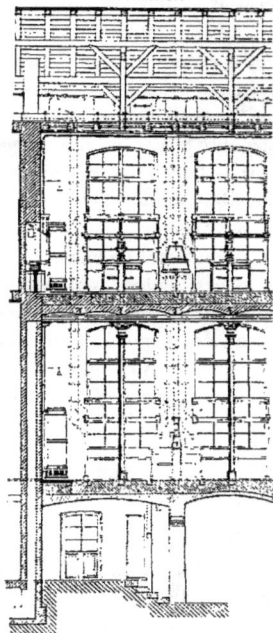

Fig. 24. — Coupe longitudinale des laboratoires.

ANNEXES DES LABORATOIRES DE CHIMIE ORGANIQUE.

Ces annexes comprennent les locaux suivants (Pl. V) :

Chambre à explosions (*Kanonenraum*). Elle contient 6 bains d'air disposés parallèlement, l'ouverture tournée du côté du nord sur un âtre surmonté d'une cheminée. Ces bains d'air sont chauffés par un système de brûleurs analogues à ceux dont on se sert pour les grilles à combustion. Derrière chaque bain d'air, du côté du mur, se trouve une caisse en bois, qui va en se rétrécissant à la partie antérieure et qui est destinée à recevoir les fragments de verre en cas d'explosion des tubes.

Chambre à souffler le verre.

Petite chambre destinée spécialement pour les dosages d'azote d'après la méthode Dumas. Le plancher est incliné de telle sorte qu'on puisse recueillir facilement le mercure.

Chambre pour conserver les produits et préparations.

Lavoir. Cette pièce est munie d'un âtre fermé.

Chambre munie d'un évier surmonté d'un digestorium ; elle sert en outre pour les opérations à exécuter à l'aide de la vapeur.

Deux chambres de balances.

Grande chambre pour les combustions, avec trois âtres hauts de 1 mètre, larges de $0^m,60$, placés contre les parois et surmontés d'un manteau de cheminée dont l'ouverture inférieure présente une profondeur de $0^m,55$. Au bout de ces tables, se trouvent des réservoirs étanches (longueur $0^m,75$, largeur $0^m,74$, hauteur $0^m,2$) sur lesquels on place les gazomètres.

LABORATOIRE PARTICULIER DU PROFESSEUR DE CHIMIE ORGANIQUE.

Les locaux annexes qu'on vient de décrire sont situés entre les grands laboratoires de travail. Le bâtiment qui renferme les laboratoires privés en contient d'autres dont voici l'énumération :

Bibliothèque à l'usage des étudiants ;

Cabinet du professeur ;

Chambre de balances du même ;

Chambre pour les exsiccateurs et la lampe à émailleur ;

Chambre pour les produits et préparations ;

Lavoir servant en même temps pour les opérations donnant lieu à des dégagements incommodes ;

Laboratoire particulier C (Pl. V). On y trouve, indépendamment des tables de travail, un âtre pour les combustions organiques et un réduit vitré ou digestorium dont la ventilation, indépendante de la ventilation générale, est effectuée à l'aide de flammes de gaz.

ANNEXES DES LABORATOIRES DE CHIMIE MINÉRALE.

Aux laboratoires de chimie minérale sont annexés les locaux suivants :
Chambres pour les analyses par liqueurs titrées ;
Chambre pour le soufflage du verre ;
Chambre de fusion, servant aussi pour le chauffage des tubes à haute pression ;
Salle pour les produits et préparations :
Lavoir ;
Chambre pour les opérations donnant lieu à des dégagements incommodes ; elle est munie de compartiments vitrés (digesteurs) très élevés :
Chambres de balances.

LABORATOIRE PARTICULIER DU PROFESSEUR DE CHIMIE MINÉRALE.

Chambre à hydrogène sulfuré. Les parois sont garnies de compartiments vitrés. Les dégagements d'hydrogène sulfuré se font dans de petits appareils. Il n'y a point de gazomètre à hydrogène sulfuré.
Le professeur de chimie minérale dispose des locaux suivants pour ses travaux particuliers :
Cabinet de physique ;
Cabinet du professeur ;
Chambre pour les analyses de gaz ;
Lavoir. — Cette pièce renferme en outre un four à fusion et un âtre pour les analyses organiques ;
Laboratoire particulier I (Pl. VI).

Chauffage et ventilation.

Les appareils sortent des ateliers des frères Sulzer à Wintherthur. Le chauffage a lieu à la vapeur d'eau, qui circule soit dans des spirales ou serpentins, soit dans des poêles. La vapeur est produite par deux grands générateurs placés dans un petit bâtiment spécial dans la grande cour (Pl. IV), et est conduite dans toutes les parties du bâtiment par des tuyaux placés à jour et protégés par une enveloppe. Seul le bâtiment des gens de service est chauffé à l'aide de poêles ordinaires. Pour le pavillon du professeur, on a adopté le système du chauffage à l'eau chaude. Les salles de cours sont chauffées à l'aide de serpentins à vapeur ; le grand amphithéâtre renferme en outre deux petits poêles. Dans les grands laboratoires on a disposé quatre poêles et en outre, comme réserve, deux petits serpentins à vapeur.

La ventilation est effectuée dans les salles de travail à l'aide de seize compartiments vitrés (digesteurs), dont l'air est évacué dans les canaux d'appel qui s'ouvrent dans l'intérieur du «digestorium» (page 68). Des dispositions sont prises, en outre, pour la ventilation générale de la salle, et la coupe (fig. 23) montre les bouches des canaux s'ouvrant à la partie supérieure des parois transversales. L'expérience a prouvé que cette ventilation générale est inutile et même qu'elle contrarie le tirage des digesteurs. On y a donc renoncé, car ce dernier suffit parfaitement pour renouveler l'air du laboratoire. L'air vicié appelé par aspiration dans les digesteurs est remplacé par de l'air pur et chaud amené par des canaux sous les quatre poêles. Ces derniers paraissent être un peu trop étroits. Sauf cette imperfection, ce système par aspiration d'air paraît supérieur au système par propulsion. Voici du reste comment fonctionne la ventilation par les digesteurs. Chacun de ces derniers est en communication avec un tuyau en faïence, émaillée intérieurement, qui s'ouvre à un mètre de hauteur au-dessus du sol (voir la fig. 24), et qui s'élève verticalement dans l'intérieur de la paroi jusqu'au grenier. Le diamètre de ces tubes est de 0^m,18. Au grenier ils débouchent dans des tubes collecteurs horizontaux qui se réunissent dans une sorte d'antichambre ou de réservoir collecteur.

Par une ouverture ronde cette antichambre communique avec un espace circulaire qui entoure la grande cheminée. Cet espace est clos, sauf du côté de la cheminée avec laquelle il communique par un certain nombre de fentes verticales. Le courant ascensionnel que déterminent dans cette cheminée les gaz de la combustion produit, en hiver, une aspiration qui est très suffisante pour ventiler les digesteurs des laboratoires. En été, une petite machine à vapeur fait fonctionner un ventilateur qui est placé sur le trajet de l'air, entre l'espace circulaire qu'on vient de mentionner et le réservoir collecteur.

Le réservoir ainsi que les canaux horizontaux qui y débouchent sont construits en briques cimentées et revêtues avec de l'asphalte, de façon à résister à l'action des vapeurs acides. Indépendamment des 64 digesteurs, les chambres à hydrogène sulfuré et les chambres d'opérations sont ventilées de la même façon.

La vapeur du générateur peut être employée au chauffage des étuves et des appareils à distillation. Pour cela, elle est dirigée dans une canalisation spéciale. Elle sert aussi à mettre en mouvement une pompe à eau. Enfin, amenée dans le sous-sol et purifiée par des appareils laveurs, elle se condense en eau distillée.

Pendant les journées d'hiver la consommation du charbon de terre s'élève en moyenne de 13 à 15 quintaux ordinaires.

L'eau est fournie par un réservoir placé au grenier et pouvant contenir 15 mètres cubes. Des dispositions sont prises pour une abondante distribution d'eau dans les laboratoires en cas d'incendie.

INSTITUT PHYSIQUE DE GRAZ [1]

Le laboratoire de physique de l'Université de Graz fait partie du groupe de bâtiments universitaires qui a été mentionné plusieurs fois dans le cours de ce Rapport et dont la construction a été résolue en 1870 par le ministre de l'instruction publique d'Autriche. Les constructions ont commencé en 1872, d'après un plan que MM. Horky et Stattler ont dressé conformément au programme rédigé par M. le professeur H. Töpler. Ce programme a été tracé largement, et comme ni l'espace disponible, ni les fonds alloués ne faisaient défaut, il a pu être conçu de façon à donner satisfaction aux besoins de la science et de l'enseignement modernes. Tous les services pratiques, ateliers, laboratoires de recherches et laboratoires d'enseignement, ont été installés au rez-de-chaussée, qui offrait les conditions de stabilité nécessaires. A cet effet, les planchers reposent sur des piliers isolés, construits en solide maçonnerie, disposition bien importante et qui n'a été appliquée nulle part ailleurs avec une meilleure entente.

La nature et le groupement des divers locaux dont se compose l'institut physique de Graz devaient répondre aux conditions locales et aux besoins particuliers de l'Université de cette ville. Ces locaux devaient comprendre des ateliers mécaniques, et aussi un petit observatoire d'astronomie physique, dans lequel, provisoirement, on pût faire des observations d'astronomie pratique. Toutefois, tous les services sont placés sous une direction unique, celle du professeur de physique expérimentale.

Les laboratoires proprement dits ont été disposés de telle sorte, qu'ils peuvent au besoin être mis en communication les uns avec les autres.

[1] J'ai puisé les renseignements communiqués ci-après sur l'institut physique de Graz dans une note manuscrite qu'a bien voulu me communiquer le savant directeur de cet institut, M. le professeur Boltzmann, et qui a pour auteur M. A. Töpler.

Les pièces étant disposées en séries, dans la même direction, il suffit d'ouvrir des portes latérales ou des fenêtres mitoyennes pour former de longues lignes horizontales d'observation. De cette façon, pour ne citer qu'un seul cas, on peut expérimenter avec la lumière solaire dans chaque laboratoire ; et la valeur de cette disposition est encore augmentée par cette circonstance, que les lignes d'observation dont il s'agit courent horizontalement sur une série de piliers solides et isolés.

Cela dit, passons à la description des locaux. Le bâtiment possède deux façades principales qui se développent sur des emplacements limités par les lignes de la base et de la droite du plan (voir Pl. VII). Ce dernier indique les locaux d'un rez-de-chaussée élevé sur un sous-sol bien éclairé. Seuls les corps de bâtiments correspondant aux deux façades ont un premier étage, au-dessus du rez-de-chaussée. La ligne NS marque la direction du Nord au Sud.

Nous abordons l'institut par l'entrée principale A et nous nous dirigeons d'abord à gauche vers la partie du bâtiment où sont situées la grande salle de cours B et ses annexes. L'escalier t mène sur les gradins de l'amphithéâtre. Ce dernier occupe les deux étages ; l'emplacement r, destiné à la table à expérimentation, qui est mobile, est posé sur des dalles qui reposent elles-mêmes sur de solides voûtes en maçonnerie. La surface pour les projections est en f et la lumière solaire y arrive soit dans la direction de xf par une des façades principales, soit dans la direction de yr par l'autre façade. Dans le premier cas, l'héliostat est placé sous l'estrade portant les bancs de l'amphithéâtre et envoie la lumière sur la table à expériences par une ouverture percée dans cette estrade.

D est un laboratoire de préparation, contigu à l'amphithéâtre et communiquant avec lui ; m est un petit moteur à eau dont le mouvement peut être transmis sur la table ; il est d'ailleurs mobile et peut être directement adapté aux conduites d'eau dans d'autres locaux, pour mettre en mouvement des agitateurs, des appareils à rotation, ou produire d'autres menus travaux. Les lettres s dans le laboratoire de préparation, ainsi que dans les autres locaux, marquent les bassins d'écoulement d'eau; les lettres *d*, les âtres et niches vitrés (Digestorien, voir page 68) pour l'évacuation des gaz et des vapeurs.

Le grand cabinet de physique est situé en CC'. Les instruments sont conservés et exposés en pleine lumière dans des armoires vitrées adossées aux piliers des fenêtres du côté de la cour. Un ascenseur met en communication le cabinet de physique avec l'atelier de mécanique et avec le laboratoire du professeur.

Le sous-sol comprend les localités suivantes :

1° Au-dessous de CC', du côté de la cour, l'atelier mécanique, dans lequel se trouve, à l'endroit marqué par *c'* [1], une machine à vapeur à haute pression et à 3 chevaux, avec transmission à travers tout l'atelier.

2° Au-dessous de B, un local pour les grosses opérations chimiques, distillations. préparation de gaz, lesquels sont reçus dans deux grands gazomètres d'où ils sont dirigés sous pression dans une canalisation établie au rez-de-chaussée.

3° Au-dessous de *t*, une chambre pour les batteries galvaniques.

4° Au-dessous de E, magasins divers.

Nous passons maintenant à la description des locaux situés à gauche de l'entrée principale. Ce sont d'abord, au rez-de-chaussée, les logements d'un assistant et d'un garçon; au premier étage, l'appartement du professeur. Ce dernier peut se rendre dans la salle de cours et dans le cabinet de physique par un escalier de service *z*. Son laboratoire particulier est à proximité, ainsi que le secrétariat. Au-dessus de E, se trouve le cabinet de lecture.

Les laboratoires d'élèves LL' sont contigus aux locaux que l'on vient de décrire. Ce sont des laboratoires d'enseignement où les étudiants sont initiés aux expériences et observations élémentaires de physique. Le grand corridor adjacent, qui prend son éclairage sur la cour, sert au montage des appareils et aux travaux mécaniques qui doivent être exécutés isolément : à cet effet, des tables de travail ou établis sont disposés dans

---

[1] Les mêmes lettres désignent les localités superposées du rez-de-chaussée et du sous-sol.

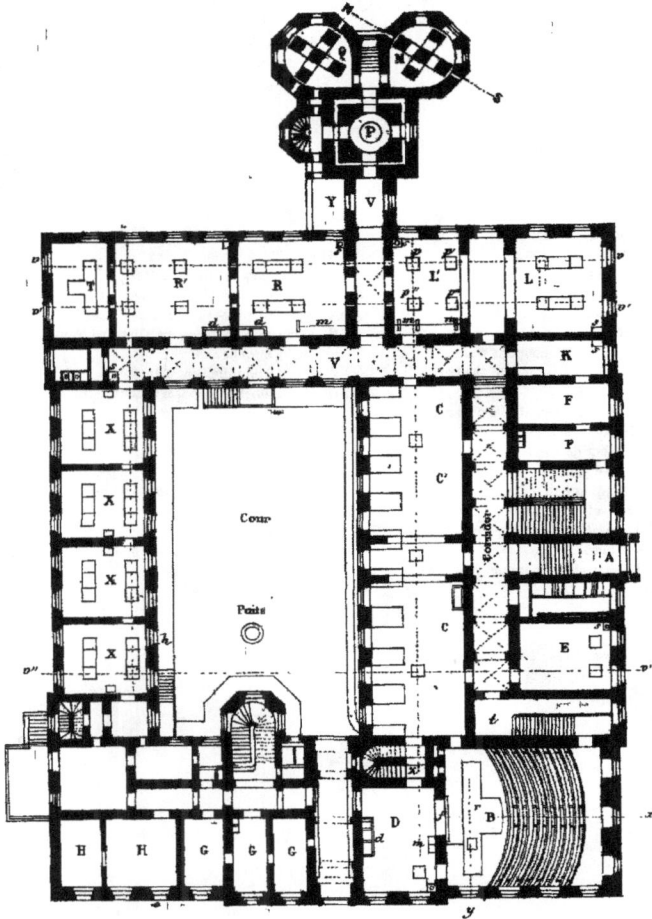

INSTITUT PHYSIQUE DE GRAZ

LÉGENDE

d	Niches et âtres vitres.	F F	Logement du garçon.
f	Surface pour les projections.	G G G	id.
h	Galerie.	H H	Logement de l'assistant.
m	Moteurs à eau.	, K	Atelier de photographie.
p p' p'' p'''	Piliers en maçonnerie.	L L'	Grand laboratoire des élèves.
r	Table à expériences.	M	Annexe pour observations astrono-
s	Bassins d'écoulement d'eau.		miques.
t	Escalier conduisant à l'amphi-	P	Grand pilier de la tour.
	théâtre.	Q	Annexe pour observations astrono-
v v, v v', v'' v'	Lignes horizontales d'observation.		miques.
w	Escalier de la tour.	R R'	Laboratoires.
z	Escalier de service.	T	Chambre de balances.
A	Entrée principale.	X X X X	Laboratoire pour les expériences
B	Grand amphithéâtre.		magnétiques (exempt de fer).
C C'	Cabinet de physique.	V	Corridor disposé pour certains tra-
D	Laboratoire pour la préparation du		vaux.
	cours.	Y	Terrasse pour les instruments
E	Laboratoire d'optique.		météorologiques.

l'embrasure des fenêtres. La chambre K avec âtre et cheminée sert pour certaines expériences de chimie et est aménagée aussi pour les opérations photographiques. Enfin les autres locaux du rez-de-chaussée sont des laboratoires de recherches, où doivent s'exécuter des travaux spéciaux et de longue haleine. C'est d'abord un laboratoire d'optique E, facilement accessible à la lumière solaire ; puis, en R et R', dans le corps de bâtiment exposé au nord-est, les laboratoires spécialement affectés aux recherches sur la chaleur. R communique par un escalier avec une pièce située dans le sous-sol, protégée autant que possible contre les variations de température, et par conséquent propre aux expériences calorimétriques et aux recherches sur les gaz : elle renferme deux grands gazomètres, et est située à proximité de la glacière établie sous la terrasse Y. Du même côté et un peu plus loin, s'élève le long de la tour P, qui sera décrite plus loin, un tube manométrique. R" et T renferment des instruments de précision.

Les quatre laboratoires X X, situés au rez-de-chaussée dans le corps de bâtiment opposé à celui où se trouve l'entrée, méritent une mention spéciale. Ils sont exempts de fer et servent aux expériences magnétiques et observations galvanométriques. Très bien éclairés, ils sont accessibles par la galerie h et aussi par le grand corridor de travail, qui sert d'atelier de préparation à tous les locaux voisins.

Dans sa notice M. le professeur Töpler a décrit avec un soin particulier le système de piliers qu'il a fait établir dans l'institut physique et qui est destiné à offrir des bases solides sur le trajet de longues lignes horizontales d'observation. Ces piliers solidement murés dans les fondations et qui traversent le sous-sol sont marqués sur le plan par de petits carrés, par exemple par les carrés p, p', p'', p''', situés en L' (Pl. VII). La figure 25 représente une coupe verticale passant par p et p'. Une grande dalle en pierre K K' repose immédiatement sur les piliers et est située un peu au-dessous du niveau du plancher b b' ; un couvercle en bois i i', simplement fixé par des vis, recouvre la dalle et rétablit le niveau avec le plancher. Lorsqu'on veut faire une observation, on dévisse le couvercle de façon à découvrir la dalle. Or, dans le laboratoire L deux de ces dalles reposent

sur quatre piliers, et peuvent recevoir des supports pontés horizontaux ;
de cette façon, chaque point de l'espace rectangulaire formé par les
quatre piliers peut être isolé à volonté et garanti contre les trépidations
du plancher.

La disposition des piliers dans les locaux L, L', R, R', T, permet,
comme on l'a déjà fait observer, d'établir des lignes horizontales d'observation vv, $v'v'$, suivant lesquelles on peut diriger la lumière d'un héliostat.

Fig. 25. — Coupe des piliers en maçonnerie.

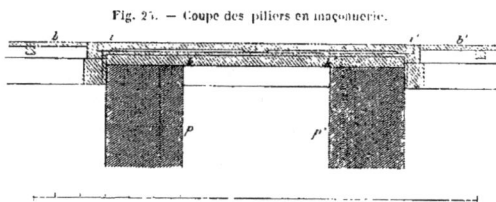

Ces lignes sont marquées sur le plan (Pl. VII) et passent par des ouvertures percées dans les cloisons d'un bout à l'autre.

Le premier étage du bâtiment principal renferme encore divers locaux
dignes d'être mentionnés : une seconde salle de cours pour les leçons
de physique mathématique, de météorologie, de géographie mathématique, une chambre pour les professeurs, un local pour les appareils
météorologiques, une chambre pour les calculs d'astronomie, et un second
logement pour les assistants.

Le système de chauffage n'est pas le même dans tous les locaux que
l'on vient de décrire. La grande salle de cours est chauffée par injection
d'air chaud ; les appartements et logements, ainsi que les laboratoires
exempts de fer, par des poêles en faïence, tous les autres locaux par une
circulation d'eau chaude.

A l'institut physique que l'on vient de décrire se trouve annexée
une construction élevée sous forme de tour et affectée à des travaux
de physique astronomique et même, éventuellement, à des observations
astronomiques.

L'Université de Graz ne possède point d'observatoire. Le professeur de physique ayant demandé dans son programme la construction d'un grand pilier traversant tous les étages du bâtiment et propre non seulement à assurer la stabilité pour les expériences et observations faites suivant une direction verticale, mais aussi à offrir une base solide pour les appareils de spectroscopie astronomique, on a reconnu qu'il était peu pratique de construire un tel pilier dans l'intérieur de l'établissement, et l'on a pris le parti de l'y annexer sous forme de tour isolée, pouvant servir en même temps et provisoirement aux observations astronomiques. On a donc été conduit à donner au pilier dont il s'agit des dimensions plus considérables, de le couronner par une coupole tournante et de construire en outre deux annexes M, Q, destinées l'une aux observations dans le méridien, l'autre aux observations dans la direction perpendiculaire au méridien.

Nous n'avons pas à décrire ici en détail toutes ces dispositions, et nous nous bornerons à donner quelques indications sommaires sur la construc-

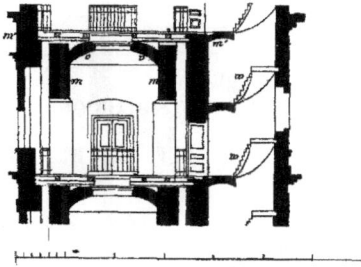

Fig. 26. — Coupe de la tour astronomique.

tion de la tour elle-même. Elle est double, car le pilier dont il s'agit et qui est carré et creux est entouré lui-même, comme par un manteau, d'une tour carrée qui s'élève à la même hauteur, 20 mètres environ. Le pilier est d'ailleurs divisé à l'intérieur par un certain nombre de voûtes v qui en assurent la stabilité. La double tour que l'on vient de décrire est en communication par le corridor V avec le bâtiment principal ; l'escalier w

conduit jusqu'au sommet, et aussi, par des ouvertures pratiquées dans les deux murs *m*, *m'*, dans l'intérieur du pilier. Plusieurs planchers sont disposés dans ce dernier, mais ils ne reposent point sur les voûtes dont il a été question, mais bien sur des poutres qui prennent leur point d'appui dans la tour extérieure et qui traversent des ouvertures pratiquées dans le pilier (voir la fig. 26). L'observateur placé sur l'un ou l'autre des étages du pilier se trouve ainsi dans l'intérieur d'un grand espace cylindrique parfaitement isolé et dont les parois sont indépendantes du plancher. Il est donc en état de faire, dans de bonnes conditions de stabilité, des observations dans des directions verticales dont la hauteur peut être variée à volonté.

Telles sont les principales dispositions de l'institut physique de Graz, heureusement complété par l'annexe qu'on vient de décrire et que plus d'un laboratoire de physique serait heureux de posséder, en vue des recherches et observations d'astronomie physique.

INSTITUT PHYSIOLOGIQUE

DE L'UNIVERSITÉ DE BERLIN

Cet établissement, qui est situé à côté de l'institut physique et non loin de l'institut chimique que nous avons décrit [1], a été fondé par l'éminent professeur Dubois-Reymond, qui a bien voulu mettre à notre disposition les plans et une notice manuscrite explicative. C'est un édifice en briques dont la façade n'offre rien de monumental, mais dont les dispositions intérieures, par un heureux contraste, ont été étudiées avec un soin extrême. De tous les établissements similaires, c'est celui qui offre les ressources les plus abondantes pour le travail et pour

[1] *Rapport sur les hautes études pratiques dans les universités allemandes*, page 33.

l'étude, et cela dans toutes les branches de la science physiologique. Physiologie expérimentale proprement dite et vivisections, anatomie et microscopie, dans leurs rapports avec la biologie, chimie et physique appliquées, chacune de ces branches de la physiologie a son domaine et ses ressources propres.

Quatre professeurs extraordinaires sont placés à la tête des divers laboratoires qui correspondent à ces directions particulières de la science physiologique. M. le Dr Kronecker est chargé de la physiologie « spéciale » ; M. le Dr Fritsch, de la microscopie ; M. le Dr Baumann, de la chimie, et M. le Dr Christiani, de la physique ; les trois premiers professeurs ont chacun un assistant. Ajoutons qu'un mécanicien très versé dans la construction et le maniement des instruments d'électricité et d'optique est attaché à l'établissement et y demeure, ainsi qu'un machiniste, trois garçons de laboratoire et un concierge. La surveillance du matériel est confiée à un intendant (Hausverwalter) qui occupe un logement au deuxième étage.

On voit que l'organisation du personnel ne laisse rien à désirer, condition bien importante, au point de vue de la division, et par conséquent, de la bonne exécution du travail, d'ailleurs facilité et fécondé par une distribution bien entendue des services généraux.

Deux amphithéâtres, dont l'un vaste et magnifique, des laboratoires de préparation et d'étude, des collections diverses, une bibliothèque, répondent à tous les besoins de l'enseignement ; et, d'un autre côté, des laboratoires de recherches pourvus de tous les moyens de travail désirables sont à la disposition des maîtres et des élèves avancés.

L'appartement du professeur est situé dans un pavillon contigu à l'institut. Les plans que nous communiquons ne concernent que ce dernier. Il comprend un rez-de-chaussée, élevé sur un vaste sous-sol, et deux étages.

Les magasins, les salles pour les chaudières et les machines, le ventilateur, les chenils, les étables à lapins, les bassins pour les grenouilles (ranarium), le réservoir inférieur de l'aquarium, la chambre des batteries, la glacière, une forge, le logement du concierge, etc., sont installés dans le sous-sol. Le plan et la légende détaillée qui l'accompagne feront comprendre la disposition de tous ces locaux. La coupe suivant la ligne CD du plan (fig. 27) fait voir la hauteur du sous-sol, qui prend jour par des fenêtres placées au niveau du sol.

Le chauffage se fait par la vapeur surchauffée qui est engendrée par des chaudières Belleville placées dans le sous-sol, au-dessous des gradins de l'amphithéâtre. Cette vapeur est distribuée dans toutes les parties de l'édifice, sur une longueur de 80 mètres, et sert à chauffer l'air aspiré du dehors. Deux ventilateurs sont disposés à cet effet, en avant de l'amphithéâtre (Pl. VIII, plan du sous-sol, 92). L'excès de vapeur surchauffée peut servir à alimenter une machine à vapeur placée au même endroit (92). Cette dernière est employée à deux usages : elle met en mouvement une machine dynamo-électrique destinée à produire la lumière électrique; en second lieu et au besoin elle fait marcher un ventilateur par propulsion.

Le rez-de-chaussée, qui répond au sous-sol, pour la forme et le développement, comprend les services les plus importants, particulièrement le grand et le petit amphithéâtre avec leurs annexes. Le premier mérite une description spéciale. C'est une grande salle rectangulaire, qui occupe le centre de l'édifice, dont il traverse les deux étages. La planche IX et la figure 28 en montrent le plan, la figure 27, la coupe suivant la ligne CD du plan. Les élèves y pénètrent par un grand escalier A, donnant accès à une vaste galerie ou péristyle sur lequel s'ouvre, à côté de l'escalier, un vestiaire (5) où ils déposent leurs effets. Ce vestiaire communique, par un escalier tournant, avec la loge du concierge. Un vestibule et des escaliers conduisent à la partie la plus élevée de l'amphithéâtre dont les gradins s'abaisssent, suivant une pente indiquée par la coupe (fig. 27). La table à expériences est du côté opposé. Elle occupe presque toute la largeur de la salle, en face des gradins, et offre au professeur toutes les facilités désirables au point de vue de l'expérimentation en public. Il trouve là, à portée de sa main, l'eau, le gaz, la cuve pneumatique, la cuve à mercure, les courants électriques engendrés par la batterie placée dans le sous-sol; il fait jaillir à volonté la lumière électrique, projetée à travers

Plan du sous-sol.

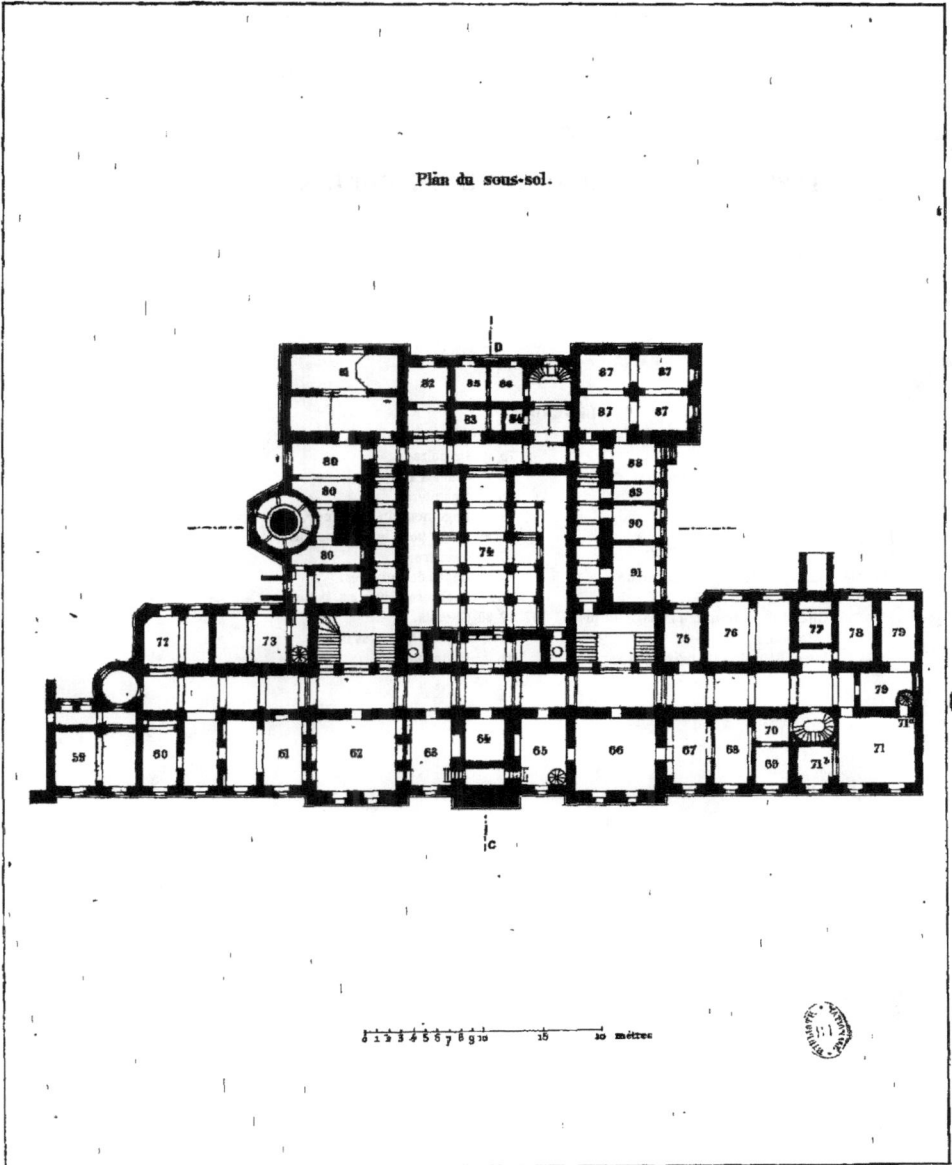

INSTITUT PHYSIOLOGIQUE DE BERLIN

PLAN DU SOUS-SOL

LEGENDE

59 60	Caves.
61 62	Département chimique.
63	Homme de peine.
64	Compteurs.
65 66 67 68 69 70	Logement du concierge.
71 71ᵃ	Bassin inférieur de l'aquarium.
71ᵇ	Forge.
72 73	Chenil et ranarium à l'usage du professeur.
74	Local pour les chaudières à vapeur.

75	Urinoirs.
76	Étables à lapins.
78	Buanderie.
79	Logement du chauffeur.
80 81 82	Caves pour le combustible.
83	Glacière.
84	Dépôt de cadavres.
85 86	Chambres pour les batteries.
87 89 90	Chenils.
88	Cuisine pour les chiens.
91	Ranarium.

la porte 15ᵈ ou arrivant du laboratoire de préparation (n° 22, voir le plan, Pl. IX). Enfin il dispose de la force d'un petit moteur hydraulique,

Fig. 27. — Grande salle de cours de l'institut physiologique de Berlin.
(Coupe suivant la ligne CD du plan (Pl. IX.)

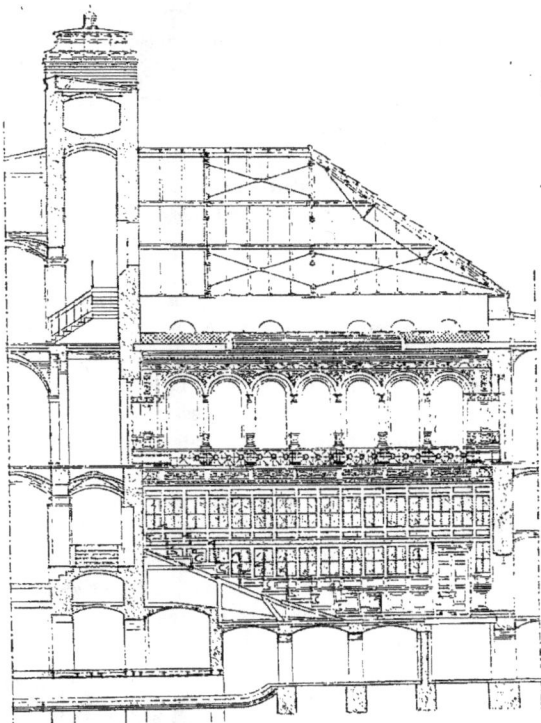

pour faire fonctionner les appareils les plus divers, tels que les éprouvettes-bascules de l'appareil à respiration de Regnault et Reiset, la roue de Savart, etc. La table à expériences est percée d'une ouverture, communiquant avec un puissant aspirateur, qui appelle les gaz nuisibles ou incommodes dégagés au-dessus de cette partie de la table.

Derrière la table à expériences une large ouverture est pratiquée dans le mur. Elle établit une communication entre l'amphithéâtre et le laboratoire de préparation (n° 22). Elle est fermée par une porte à deux battants et à coulisse. Les battants servent de tableau noir. Dans le fond se trouve fixée une échelle divisée, sur laquelle se projette le faisceau de lumière électrique, qui, après avoir subi une double réflexion, sert d'indicateur dans les expériences galvanométriques.

La salle reçoit le jour par en haut et par des croisées situées derrière les galeries (voir fig. 27). Elle peut être obscurcie dans l'espace d'une minute au plus. Elle est éclairée au gaz à l'aide de 368 brûleurs d'Argand placés sur quatre chariots, au-dessus des glaces dépolies qui admettent le jour d'en haut.

L'air chaud pénètre à mi-hauteur par des bouches pratiquées au-dessous de la galerie ; l'air refroidi et vicié sort par des ouvertures percées au-dessous des gradins. Des signaux thermo-électriques avertissent le personnel préposé au chauffage lorsque la température de la salle s'élève au-dessus de 20°, ou s'abaisse au-dessous de 15°. De semblables signaux sont distribués dans les différentes parties de l'établissement.

L'ordonnance et la décoration de la salle sont fort élégantes. Dans la paroi opposée à la table d'expérimentation s'ouvre une loge (n° 15, voir Pl. X) meublée avec un certain luxe et destinée à des personnes de distinction qui voudraient assister aux leçons. Au-dessus de cette loge, en face du professeur, se trouve un cadran d'horloge.

Les parois de la salle, au-dessous de la galerie, sont lambrissées en bois de peuplier assez tendre pour pouvoir facilement y suspendre, au moyen de clous ou de punaises, les tableaux ou schémas dont le professeur fait grand usage. Ces dispositions, qui permettent aux élèves de suivre des expériences délicates ou des démonstrations difficiles, ont été étudiées avec un soin particulier.

Une galerie, destinée aux exercices microscopiques (Pl. IX, n° 25), est

Plan du rez-de-chaussée

INSTITUT PHYSIOLOGIQUE DE BERLIN

PLAN DU REZ-DE-CHAUSSÉE

LÉGENDE

1 2 3	Logement d'un assistant.
4	Salles de collection pour les instru-
	ments.
5	Vestiaire.
6	Atelier mecanique.
7	Bibliothèque et salle de lecture.
8 9	Logement d'un assistant.
10	Bureau.
10ᵃ	Antichambre.
11	Laboratoire de chimie du professeur.
12	Antichambre.
13	Petite salle de cours.

14	Aquarium.
15	Grand amphithéâtre.
16	Chambre pour la batterie électrique.
17 18	Laboratoires de physique physiolo-
19 20	gique.
21	Chambre pour la conservation des
	dessins.
22	Laboratoire pour la préparation du
	cours.
23	Parfoir.
24	Vivisectorium.
25	Galeries de demonstration.

disposée à droite du grand amphithéâtre. Elle reçoit le jour par en haut, et renferme un Musée anatomique. Ce dernier est placé sous la direction du professeur Fritsch et offre la même particularité que le célèbre Musée Hunter, au collège des chirurgiens de Londres, à savoir que les préparations n'y sont pas classées par ordre morphologique, mais groupées selon leur affinité fonctionnelle et d'après leur rôle physiologique. Ainsi, pour citer un exemple, on a réuni dans un même groupe les poumons, les branchies et les trachées des articulés.

Lorsqu'il s'agit d'expériences délicates et, en particulier, de vivisections, il serait absolument illusoire de rendre accessibles certains détails à une grande assistance d'élèves. Les expériences de ce genre sont préparées dans la salle de vivisections (n° 24), et l'animal est ensuite placé sur une table dans l'enceinte demi-circulaire disposée devant cette salle et au fond de la salle de démonstration. Après la leçon, les élèves sont admis devant cette table (t fig. 28), par séries de dix ou douze à la fois. A cet effet la circulation s'établit

Fig. 28. — Plan de l'amphithéâtre et de la galerie de démonstration.

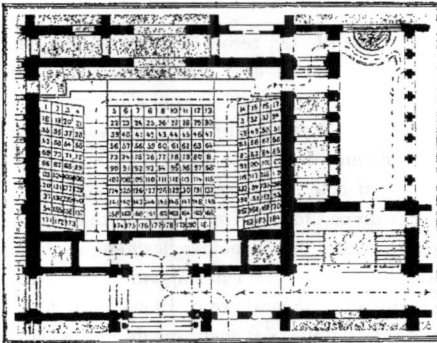

avec ordre, par files de deux, dans le sens indiqué par les flèches dans la figure 28. Dans ces conditions, il suffit de répéter une expérience quinze ou vingt fois, pour que deux cents personnes puissent la suivre dans tous ses détails. Il est à remarquer que les élèves sortent par la galerie de démonstration où des objets afférents à l'enseignement, particulièrement des préparations anatomiques, exposés en permanence ou déposés pour la leçon du jour, frappent leurs regards et s'offrent à leur attention.

Parmi les autres locaux du rez-de-chaussée nous citerons le petit amphithéâtre et les laboratoires de physiologie physique. Le petit amphithéâtre (n° 13) est destiné aux cours des professeurs-assistants. Il offre, en petit, les mêmes ressources pour l'expérimentation que le grand amphithéâtre, savoir : l'eau, le gaz, les courants électriques, la lumière électrique, etc. Derrière le professeur se trouve une niche, qui peut être fermée par un tableau noir et qui communique avec une pièce servant à la préparation des expériences (n° 12).

Les laboratoires de physique physiologique offrent une grande étendue. Trois pièces (11, 16, 17) sont affectées aux travaux particuliers du professeur, et sont séparées du reste de l'édifice de façon à n'être accessibles que par les deux extrémités. Le cabinet ou bureau du directeur est contigu à ces laboratoires et communique par un escalier tournant avec l'appartement.

Le laboratoire n° 17 (voir Pl. IX) reçoit le jour à la fois par en haut et par des croisées disposées en demi-hexagone. Son plancher est percé de deux piliers massifs en maçonnerie qui s'élèvent d'une profondeur d'environ 10 mètres, de façon à être isolés du reste de l'édifice. Ils sont couverts de dalles de marbre et séparés du plancher par un anneau en caoutchouc, serré d'un côté par un collier de laiton embrassant le pilier et, de l'autre, par un cercle du même métal vissé au plancher. Cet anneau de caoutchouc procure une fermeture hermétique et empêche de pénétrer dans la salle les émanations d'eau stagnante qui pourrait s'accumuler à la base des piliers. Le laboratoire n° 19 est muni de deux piliers semblables qui assurent la stabilité des instruments de précision.

Les dispositions de l'aquarium (n° 14) constituent un trait spécial dans la construction de l'institut physiologique. Elles ont été étudiées de façon à assurer la conservation des animaux aquatiques d'eau salée et d'eau douce, à la température ordinaire et à une température plus élevée répondant à celle

Plan du 1ᵉʳ étage.

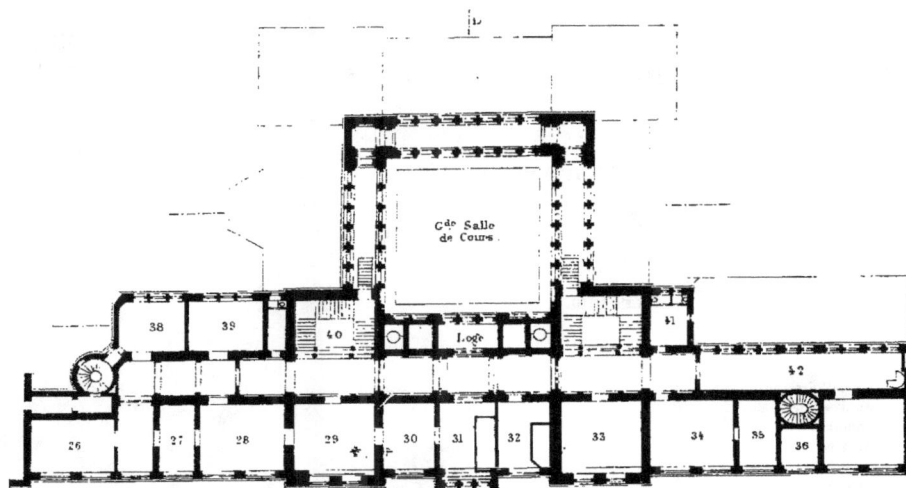

Plan du 2ᵐᵉ étage.

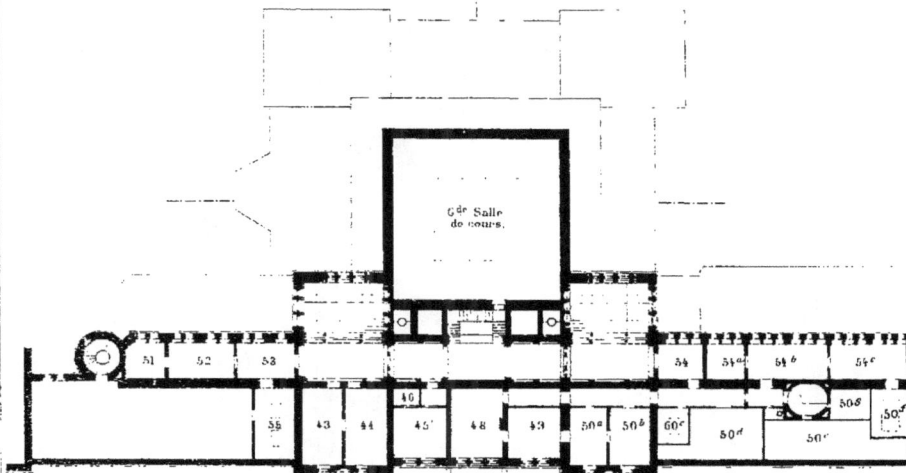

INSTITUT PHYSIOLOGIQUE DE BERLIN

PLANS DU PREMIER ET DU DEUXIÈME ÉTAGE

LEGENDE

PREMIER ÉTAGE.		DEUXIÈME ÉTAGE.	
26-30	Laboratoires de chimie.	43	Optique, chambre claire.
31	Analyse spectrale.	44	Chambre noire.
32	Chambre à hydrogène sulfuré.	45	Photographie I.
33	Salle pour les examens d'État.	46	Cabinet noir.
34 35	Logement d'un assistant.	47	Cabinet pour les lavages.
36	Couveuses.	48-50c	Logement de l'intendant.
37	Salle pour les injections.	50e	Bassin supérieur de l'aquarium.
38	Machines pneumatiques, balances.	51 52 53	Logement d'un assistant.
39	Analyse des gaz.	54-54c	Logement du machiniste.
41	Vestiaire.	55	Photographie II.
42	Galerie microscopique.		

des eaux tropicales. Cet aquarium communique par un escalier tournant (voir Pl. IX) avec la galerie de démonstration (n° 42, Pl. X) affectée aux travaux microscopiques, de telle sorte que les expérimentateurs ont, pour ainsi dire sous la main, dans les bassins de l'aquarium, les principaux objets de leurs études.

Les bassins d'eau salée ne se conservent en bon état qu'à la condition que l'air dissous dans cette eau soit constamment renouvelé : à cet effet, elle s'écoule incessamment de ce bassin, dans un réservoir inférieur situé dans le sous-sol (Pl. VIII, n° 71). Là une pompe foulante, mue par un moteur à gaz de la force d'un cheval, la fait monter dans un bassin supérieur situé au 2ᵉ étage (Pl. X, n° 50), d'où elle se déverse pour couler de nouveau dans l'aquarium. Ajoutons que la même machine à gaz fait mouvoir un appareil à force centrifuge dont on fait grand usage, en chimie physiologique, pour séparer les uns des autres des produits de densités différentes, par exemple les globules tenus en suspension dans le sang ou dans le lait.

Nous ne nous étendrons pas ici sur la description des autres locaux situés dans l'institut physiologique de Berlin et dont la destination est suffisamment indiquée par la légende annexée aux plans.

Mentionnons seulement un atelier de photographie situé au second étage et qui se trouve en rapport avec deux pièces, l'une noire, l'autre éclairée, destinées aux expériences d'optique. L'héliostat est placé en dehors du volet de la pièce noire sur un balcon accessible par la pièce éclairée, de telle sorte qu'on peut l'ajuster sans ouvrir le volet dont il s'agit. Au reste, l'axe CD coïncidant à peu près avec le méridien, on peut faire arriver un rayon de soleil sur la table d'expérimentation du grand amphithéâtre, à travers la pièce 31 (destinée à l'analyse spectrale), le corridor et la loge de l'amphithéâtre.

INSTITUT PHYSIOLOGIQUE DE BUDA-PEST [1]

L'institut physiologique de Buda-Pest est situé dans un vaste terrain rectangulaire, pris en partie sur l'emplacement de l'ancien Jardin botanique et dont le milieu est occupé par l'institut chimique. Les extrémités, c'est-à-dire les terrains formant les quatre coins du rectangle, sont occupées d'un côté par un institut de minéralogie et de géologie et par un institut zoologique, de l'autre par un institut physique et par l'institut physiologique que nous allons décrire. C'est, comme on le voit, un ensemble imposant d'établissements destinés à la haute culture scientifique, et sous ce rapport la capitale de la Hongrie a résolument imité l'exemple des grandes universités allemandes.

L'institut physiologique est isolé des quatre côtés, circonstance très favorable, non seulement au point de vue de l'appropriation des locaux et de la distribution de l'air et de la lumière, mais encore au point de vue de la sécurité des travaux.

Quatre corps de bâtiments, dont un sur la rue, occupent un espace à peu près carré ($45^m,6$ sur $47^m,2$). Une construction transversale s'élève parallèlement à deux côtés et s'adosse perpendiculairement aux deux autres de façon à partager en deux cours rectangulaires le grand espace limité par les bâtiments. Ces derniers sont élevés sur un sous-sol haut de $4^m,55$, et ne comprennent qu'un rez-de-chaussée haut de $5^m,30$. Seul le bâtiment qui fait façade sur la rue et qui est représenté en élévation (fig. 29), comprend en outre un premier étage haut de $4^m,40$.

Ajoutons qu'une troisième cour (3, Pl. XII), spécialement destinée aux animaux, est intercalée dans une des ailes des bâtiments.

De vastes corridors règnent à tous les étages, du côté de la cour, et quatre escaliers établissent une communication facile entre tous

[1] *Das neue Physiologische Institut an der Universität von Euda Pest* beschrieben von Prof. A. E. Jendrassik.

les locaux. Le sous-sol est voûté en briques. Les plafonds du rez-de-chaussée et du premier étage sont revêtus de stuc.

Fig. 29. — Façade de l'Institut physiologique de Buda-Pest.

DISTRIBUTION DES LOCALITÉS.

L'institut comprend quatre groupes de locaux, savoir :

1° Les salles de cours et leurs annexes ;

2° Les laboratoires pour la microscopie, pour la physiologie anatomique, pour la physique physiologique, pour la chimie physiologique :

3° Salles de collections, salle de lecture, ateliers mécaniques, locaux pour la machine à vapeur, pour le chauffage, magasins, chenils et étables :

4° Appartements et logements.

Les salles de cours avec leurs annexes, les laboratoires, la bibliothèque, le musée, sont établis au rez-de-chaussée ; l'atelier mécanique, les magasins au sous-sol ; les logements au premier étage.

L'entrée principale est en A (Pl. XII) du côté de l'emplacement réservé pour l'institut physique. Un escalier conduit dans le couloir B B, dans le vestibule C C et de là, par un escalier D, à l'entrée d'une cage à escalier E E, par où l'on monte au grand amphithéâtre. Derrière celui-ci et en communication avec lui, sont situés un laboratoire pour les préparations chimiques G, un laboratoire pour la préparation des cours de physiologie H, et un cabinet I, avec antichambre, pour le professeur.

Le couloir BB donne parallèlement accès à la petite salle de cours K, à laquelle est annexé le laboratoire de préparation L.

Les laboratoires de chimie physiologique et leurs annexes sont situés du même côté en M, N, O, P, Q, et prennent jour sur la rue. Les pièces correspondantes du sous-sol sont des magasins ou des locaux disposés pour les opérations grossières.

Les salles de microscopie, situées dans le corps de bâtiment tourné du côté du nord-ouest, comprennent la grande salle S et deux chambres T et U. A l'extrémité du même corps de bâtiment, et en retour sur l'aile adjacente, on rencontre d'abord une salle pour les instruments de physique Y, puis le groupe des laboratoires de physique physiologique, comprenant un laboratoire d'optique X, avec une niche X' en saillie sur la façade, puis une grande pièce V, plus spécialement destinée aux travaux sur les nerfs et les muscles.

Le groupe des laboratoires de physiologie anatomique, enfin, occupe la partie sud-ouest du bâtiment et est séparé des locaux que nous venons de décrire par le laboratoire de chimie. Ce groupe comprend une pièce spacieuse Z^a, destinée aux vivisections nécessitant l'intervention d'appareils délicats; une pièce Z^b, servant aux préparations et aux injections ; deux pièces Z^c, Z^d, affectées aux expériences sur la respiration et aux analyses de gaz ; enfin une salle Z^e pour les exercices pratiques des élèves.

Dans la petite cour 2, située dans le voisinage, se trouvent un aviarium et un bassin q dont le niveau peut être réglé et qui sert d'aquarium. On le couvre en hiver.

Les annexes situées dans le sous-sol (Pl. XI) comprennent une salle de dissection, pouvant servir en même temps pour certains travaux de vivisection, le chenil I et des stalles K pour les lapins.

Pendant les grands froids, on conserve les grenouilles en X. Pour les vivisections à pratiquer sur de gros animaux, on a disposé dans le sous-sol deux vastes locaux, dont l'un L sert d'écurie et l'autre M de salle d'opérations. Les animaux y arrivent de la cour extérieure par le passage incliné N (Pl. XI).

Plan du sous-sol.

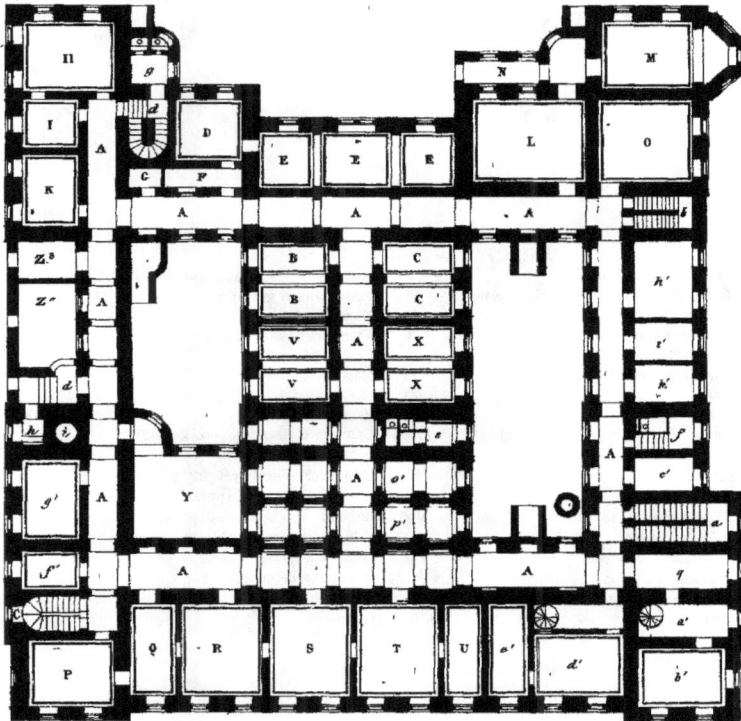

Paris, Imp Becquet.

INSTITUT PHYSIOLOGIQUE DE BUDA-PEST

―――

PLAN DU SOUS-SOL

―――

LÉGENDE

A	Couloirs et corridors.	P Q R S T	Salles pour les grosses opérations.
B	Chambre pour le gazomètre à oxygène et pour l'alambic à eau distillée.	U	Compteurs à gaz et à eau.
C	Chambre pour la batterie.	V	Magasins.
D	Chambre pour les machines.	X	Chambre de macération et ranarium.
E	Atelier mécanique.	Y	Chauffage central.
F	Forge.	Z^a	Magasin à charbon.
G	Glacière.	Z^b	Cave au bois.
H	Chambre pour les dissections et les lavages à grande eau.	a b c d	Escaliers.
I	Chenil.	e f g h	Cabinets d'aisances. — Logement du garçon.
k	Étable à lapins.		Grande cheminée avec tuyau central en tôle servant d'appel.
L L' L"	Etables pour grands animaux et pour les fourrages.	d' e'	Cuisine et chambre dépendant du logement du mécanicien.
M	Laboratoire de vivisections pour les grands animaux.	f g'	Logement du chauffeur.
N	Entrée pour les grands animaux.	h'	Buanderie commune.
O	Magasin.	i'	Calendre.
		k' à p'	Caves.

Chauffage et ventilation.

Le mode de chauffage adopté est une circulation d'eau chaude, d'après le système perfectionné de Perkin. Quatre fours à chaudières sont disposés dans le sous-sol (Y, Pl. XI); l'un sert pour la grande salle de cours, deux servent pour les laboratoires, et le quatrième pour les logements. Les tuyaux serpentins servant de surfaces de chauffe sont placés en retrait dans le mur, sous les fenêtres ou dans d'autres endroits convenables. Chaque serpentin est fermé par un grillage et entouré d'un manchon. Ce dernier communique avec des canaux amenant du dehors l'air froid, destiné à être chauffé avant de se répandre dans les locaux. L'air vicié s'échappe par un autre système de canaux qui s'élèvent dans l'épaisseur des murs ou qui sont pratiqués dans l'intervalle des planchers. Ces canaux, qui peuvent être fermés, s'ouvrent dans les pièces par deux bouches, l'une située immédiatement au-dessus du plancher pour la ventilation d'hiver, l'autre au-dessous du plafond pour la ventilation d'été. Ils aboutissent tous à une grande cheminée d'appel (i. Pl. XI), dans laquelle le courant d'air est déterminé par un tuyau en tôle central par lequel se dégagent les gaz de la combustion. Cet appel d'air suffit pour ventiler en hiver tous les locaux, à l'exception du grand amphithéâtre.

Pour assurer cette ventilation pendant l'été, on se sert d'un foyer ou fourneau particulier, les produits de la combustion se rendant dans le tuyau d'appel mentionné plus haut. Le grand amphithéâtre est exclu de ce système de ventilation ; l'air vicié est évacué par une ouverture percée au plafond au-dessus du lustre central. Cette ouverture est en communication avec une coupole en tôle surmontée elle-même d'un tuyau ; le courant ascensionnel qui s'établit naturellement suffit pour renouveler l'air, sans même qu'il soit nécessaire d'allumer la couronne de becs de gaz disposée dans l'intérieur du tuyau d'appel.

DISTRIBUTION DU GAZ ET DE L'EAU.

Elle n'offre rien de particulier. Comme on l'a déjà indiqué ailleurs, la distribution du gaz peut être interceptée isolément dans chaque groupe de locaux (voir page 43). On constate, à l'aide d'un manomètre adapté à chaque branche principale, si tous les robinets afférents à cette région sont fermés.

Les branches principales des conduites d'eau sont en fonte et sont placées dans des canaux voûtés et étanches disposés dans le sous-sol. L'eau potable est dérivée du tuyau principal dans un système particulier de tuyaux de plomb doublés d'étain.

INSTALLATION DU GRAND AMPHITHÉÂTRE.

Il sert à la fois aux leçons théoriques et aux démonstrations pratiques, car on est parti de ce principe que l'enseignement de la physiologie doit

Fig. 30. — Institut physiologique de Buda-Pest. Coupe longitudinale.

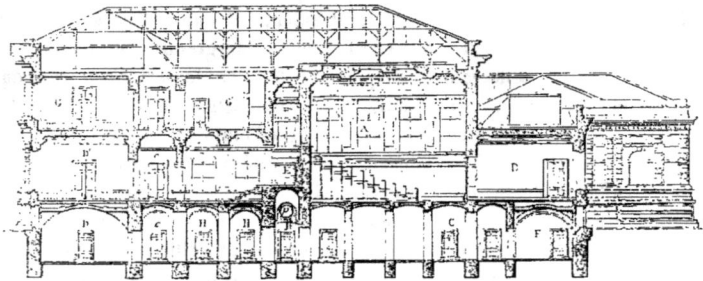

A, grand amphithéâtre. — B, laboratoire de préparation. — C, chambre pour la batterie. — D D', laboratoires. — E, escalier conduisant à l'amphithéâtre. — F, atelier mécanique. — G G', pièces dépendant de l'appartement. — H, caves. — c, couloirs. — p, conduite pour l'écoulement des eaux.

s'approprier les méthodes de démonstration de la physique et de la chimie et rendre sensibles, à l'aide de signaux perceptibles à l'œil ou à l'o-

reille, les résultats d'expériences dont les détails ne sont généralement
visibles que de très près et à un très petit nombre d'observateurs. L'amphithéâtre (fig. 30, A) présente une longueur de 11ᵐ,10, sur une largeur
de 12ᵐ,2, et une hauteur de 9ᵐ,6. Il est éclairé de chaque côté par des
fenêtres percées à une hauteur de 3ᵐ,80. L'emplacement destiné aux
expériences occupe toute la largeur de la salle sur une profondeur de 3ᵐ,30
au milieu, et de 3 mètres aux extrémités. Au delà commencent les gradins
portant dix bancs en bois de chêne; ces derniers sont munis de pupitres
et comprennent chacun seize sièges numérotés. Deux larges portes s'ouvrant librement et sans battants sur un vestibule bien éclairé, donnent
accès à la partie supérieure de l'amphithéâtre.

Le jour peut être intercepté rapidement par des écrans qu'on enroule
et qu'on déroule à l'aide de ma-
chines placées dans des niches de
chaque côté de l'espace destiné aux
expérimentateurs.

La salle est éclairée par cinq lustres, dont l'un central porte douze
becs, et dont les autres en portent
six. En outre, la table à expériences
est éclairée par deux lustres à quatre
becs que l'on peut abaisser ou remon-
ter à volonté. Tous ces lustres peuvent
être allumés, ensemble ou séparément, à l'aide d'une étincelle électrique. Le schéma (fig. 31) montre
la disposition qui a été adoptée à
cet effet. Les lustres et leurs becs
sont intercalés dans un réseau de
fils conducteurs isolés, lequel aboutit

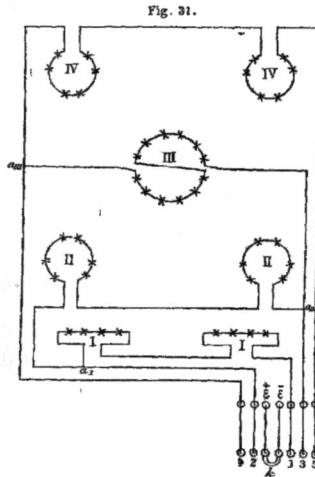

Fig. 31.

à une machine à induction de Holtz, communiquant avec un certain
nombre de bouteilles de Leyde. Cette machine est disposée dans le laboratoire de préparation (H Pl. XI). Les deux fils conducteurs qui en partent

sontisolés dans des tubes de verre remplis de résine, et aboutissent à deux iso-
lateurs (en porcelaine) fixés aux lambris du mur au fond de la salle de cours.

De là ces fils se dirigent vers deux bornes métalliques isolées ($+ e, - e$)
pouvant être mises en communication avec cinq autres bornes isolées auxquelles aboutissent les fils terminaux qui se rendent aux lustres. Toutes ces
bornes sont fixées sur un cadre. Cette disposition permet d'allumer séparément tel ou tel lustre. On voit, en effet, par le schéma ci-contre, que le système conducteur du groupe I commence à la borne 1 pour aboutir à la
borne 2 ; que celui du groupe II commence à la borne 2 pour aboutir
à la borne 3, et ainsi de suite. Tous ces systèmes conducteurs peuvent
être intercalés à volonté dans le circuit au moyen d'un commutateur.

Fig. 32. — Institut pathologique de Buda-Pest. Mur lambrissé formant le fond de l'amphithéâtre ; élévation

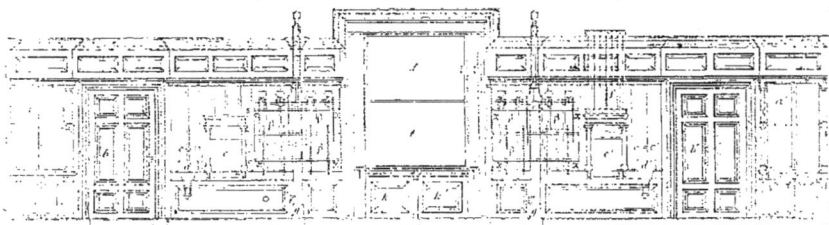

$a\,a'$, armoires. — $b\,b'$, portes. — $c\,c'$, robinets d'eau. — $d\,d'$, bassins. — $e\,e'$, niches à évaporation. — f, cadre
portant les bornes et fils électriques. — $g\,g'$, colonnes supportant les cadres mobiles. — $\alpha\,\alpha$, traverses hori
zontales du cadre. — $\beta\,\beta$, montants verticaux du cadre. — γ, ouverture. — $k\,k'$, petites portes — $l\,l$, lustres
suspendus devant le cadre mobile. — $s\,s'$, bouches des cornets acoustiques. — $t\,t'$, tableaux.

Le mur lambrissé dont il a été question plus haut et qui ferme le fond
de la salle de cours sert de support à d'autres dispositions qui méritent
d'être décrites et qui sont représentées (fig. 32). On y trouve d'abord les
armoires terminales $a\,a'$, dont les compartiments inférieurs renferment les
machines à l'aide desquelles on enroule ou déroule les stores, puis en $b\,b$,
deux portes, en $c\,c'$ deux robinets d'eau avec bassins $d\,d'$; en $e\,e'$ des niches
à évaporation, d'après le système décrit par M. A. W. Hofmann, mais d'une
construction plus simple. Au-dessus de e' le cadre f portant les bornes et
les fils électriques, et immédiatement à côté une petite niche avec porte à

deux battants, laquelle contient les robinets distributeurs du gaz. La personne chargée de régler l'afflux du gaz trouve donc à portée les dispositions nécessaires pour l'allumer.

Plus loin, vers le centre et de chaque côté du grand tableau qui occupe le milieu, on trouve une disposition qui permet de tendre sur des cadres mobiles et d'exposer de grands dessins, à des hauteurs convenables. Pour cela on se sert de deux colonnes gg', dont la face an-

Fig. 33. — Mur formant le fond de l'amphithéâtre; coupe et plan horizontal.

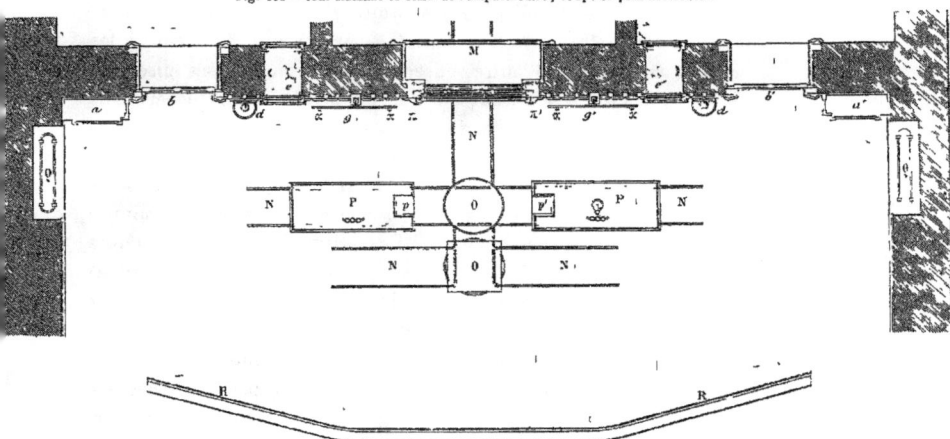

aa, armoires. — bb', portes. — dd', bassin. — ee', niches à évaporation. — gg', colonnes supportant les cadres mobiles. — $\alpha\alpha$, traverses horizontales des cadres mobiles. — tt', tableaux. — M, porte de communication avec le laboratoire de préparation. — N, rails pour les tables à expériences. — O, tournants. — P, grandes tables à expériences. — pp', plateaux supportés par des colonnes pouvant être élevés à l'aide d'une crémaillère (p. 97). — Q, niches à évaporation. — R, barrière

térieure est creusée de deux rigoles conductrices, dans lesquelles se meuvent verticalement trois billots de bois prismatiques. Chacun de ces derniers porte une entaille dans laquelle s'adapte une traverse horizontale $\alpha\alpha$. Celle-ci peut former un cadre avec la traverse située au-dessous, à laquelle elle peut se relier par l'intermédiaire des montants verticaux $\beta\beta$, et à l'aide de chevilles en bois. Le cadre ainsi

formé peut être monté ou abaissé à volonté à l'aide d'une corde qui
s'enroule sur une poulie fixée au billot de bois supérieur et qui descend
derrière la colonne, pour revenir à la partie antérieure et inférieure par
le trou percé en γ.

Enfin, le milieu de la paroi lambrissée est occupé par 4 tableaux, 1, 2,
3, 4, équilibrés par des contre-poids glissant verticalement dans des
coulisses ; les deux premiers sont des tableaux noirs, pour les dessins
à la craie, les deux derniers, placés derrière les deux autres, sont
des glaces en verre dépoli pour les projections. Les deux premiers
tableaux peuvent être levés ou abaissés séparément, de façon à les
placer l'un au-dessus de l'autre, ou encore levés ou abaissés ensemble
de façon que l'un soit devant l'autre. On arrive à les placer dans
ces diverses positions à l'aide d'un mécanisme ingénieux que nous
ne pouvons décrire ici en détail et dont voici la disposition principale : le contre-poids du premier tableau est formé par deux prismes
rectangulaires en bois π, π' (fig. 33) qui glissent dans une rainure
pratiquée dans chacun des montants. Ces prismes portent eux-mêmes
une rainure dans laquelle peut glisser le second tableau, pareillement équilibré par des contre-poids. La même disposition sert pour
mettre en mouvement les glaces dépolies qui sont enchâssées dans
un cadre en bois et équilibrées par des contre-poids. Lorsque les
quatre tableaux sont levés, il suffit d'ouvrir deux petites portes $k k'$
pour établir une communication directe entre le laboratoire de préparation et la salle de cours. Et pour certaines expériences sur les
animaux il est important que cette communication soit prompte et
facile. Cette condition est réalisée au moyen d'un système de rails NN
représenté dans la figure 38 et sur lequel on peut faire glisser les
tables où sont fixés les animaux.

En raison de la variété des expériences que comporte un cours
de physiologie, il a paru convenable de ne pas donner une position
fixe à la table de démonstration et de remplacer la table unique
généralement employée par deux tables mobiles dont la construction
a été étudiée avec beaucoup de soin. Voici leurs dimensions : — lon-

gueur 1ᵐ,93 — largeur 0ᵐ,80 — hauteur 0ᵐ,95. Elles glissent sur
des rails et peuvent être à volonté ou rapprochées de façon à former
une table unique, ou écartées de telle sorte que des tables plus petites
puissent être dressées dans l'espace laissé libre entre elles (fig. 33).

Les deux tables de démonstration dont il s'agit, présentent dans
leur construction plusieurs particularités dignes d'être citées. Les
armoires pleines qu'elles recouvrent sont divisées en plusieurs compartiments. L'un, postérieur, qui règne sur toute la longueur et qui
occupe toute la hauteur, abrite les tuyaux de conduite du gaz et de

Fig. 34. — Table d'expérimentation ; élévation (du côté de l'auditoire).

l'eau ; la figure 35 montre cette disposition. Les tuyaux dont il s'agit sont
articulés. Les deux tables sont pourvues de tuyaux de gaz. Une seule
admet des tuyaux d'eau avec robinet et bassin ; dans l'autre table ces
tuyaux sont remplacés par une canalisation qu'on peut mettre en
rapport avec une trompe ou une soufflerie de Bunsen, ou encore avec
un gazomètre rempli d'oxygène lorsqu'on veut engendrer de la lumière.

Le compartiment antérieur des tables pleines dont il s'agit est garni
de tiroirs et d'armoires à vantaux.

A l'extrémité par laquelle les deux tables se rapprochent, chacune d'elles
porte au milieu (fig. 33 et 37) une entaille carrée dans laquelle s'adapte

un plateau de même forme. Ce dernier, de niveau avec la table, est supporté par une colonne cachée dans l'intérieur et mobile à l'aide d'une roue dentée

Fig. 35. – Table d'expérimentation : coupe transversale.

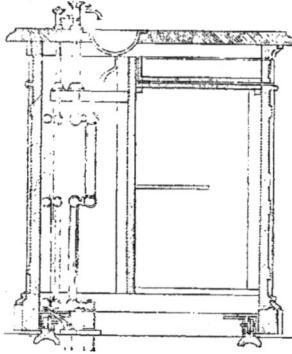

Fig. 36. — Table d'expérimentation; coupe transversale montrant la disposition adoptée pour ajuster les pièces mobiles.

et d'une crémaillère (fig. 36). Cette disposition permet d'élever à une hauteur voulue le plateau dont il s'agit, de façon à isoler et à mettre en pleine

Fig. 37. — Table d'expérimentation ; plan.

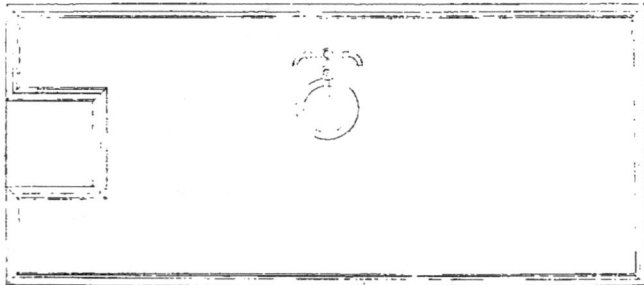

lumière les objets ou appareils disposés sur ce plateau. Ce dernier est d'ailleurs mobile autour d'un axe vertical.

La figure 38 représente en élévation la table d'expérimentation, vue du côté du professeur. A gauche on voit la partie postérieure de l'armoire avec un tuyau à gaz articulé et du côté du bord gauche la roue à crémaillère destinée à élever le plateau carré intercalé dans la table.

Les tables de démonstration peuvent être écartées l'une de l'autre et sont alors d'un accès facile : on peut y disposer des microscopes.

Fig. 38. — Table d'expérimentation; élévation (du côté du professeur, le côté gauche montrant les dispositions intérieures de l'armoire.

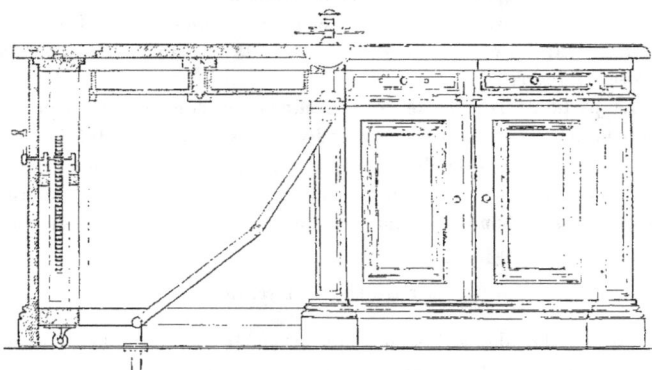

Lorsqu'elles sont ainsi écartées, une troisième table peut être intercalée au milieu et celle-ci porte, comme les deux autres, un plateau mobile à l'aide d'une roue dentée à crémaillère.

Les fils conducteurs de l'électricité arrivent dans des canaux couverts jusqu'au pied des tables à expériences : là ces canaux sont fermés par des couvercles à charnière, qui permettent de découvrir les bornes ou pinces au moyen desquelles on peut fixer les fils communiquant avec les appareils disposés sur la table.

Pour les expériences thermo-électriques ou névro-myologiques le galvanomètre repose sur l'une ou l'autre des deux consoles fixées, la première à la paroi postérieure de l'amphithéâtre, la seconde à égale hauteur, à la paroi postérieure de l'espace servant aux expériences, au-dessus des tableaux dont elle est d'ailleurs indépendante. Des dispositions sont prises pour que les mouvements ou la position de l'aiguille puissent être projetés par réflexion. Dans le cas où le galvanomètre est posé près de la paroi postérieure de l'amphithéâtre, l'image réfléchie de l'aiguille est renvoyée par un miroir sur la paroi opposée, qui porte, à une hauteur convenable, une bande de toile blanche munie d'une échelle divisée. Dans le cas où le galvanomètre est fixé au-dessus des tableaux le miroir qu'il porte renvoie les rayons réfléchis sur un second miroir placé de telle sorte que l'image vienne se former sur un des tableaux blancs dont il a été question. Celui-ci porte un cercle de papier blanc divisé en degrés.

La partie de la salle de cours destinée aux démonstrations peut être mise en communication directe avec divers locaux au moyen de tubes acoustiques dont les cornets débouchent en $s\,s$ (fig. 32) sur la paroi postérieure de cette salle. Ces locaux sont le laboratoire de préparation, la chambre des gazomètres, la chambre de la batterie électrique et la chambre des machines.

INSTALLATION DES LABORATOIRES.

La chambre des vivisections, qui est située au rez-de-chaussée en Z^4. non loin de la salle de cours, est munie d'un arbre de transmission qui sert à mettre en mouvement un grand kymographion, construit d'après Hering, et un appareil servant à entretenir la respiration artificielle. On y a établi aussi des réservoirs à air comprimé, accessoires des trompes de Bunsen et à l'aide desquels on peut fort bien entretenir la respiration artificielle. Une niche bien ventilée peut recevoir une petite batterie électrique dont les fils conducteurs courent le long d'un châssis disposé, à une certaine hauteur, aux différentes places de travail.

La pièce attenante sert de chambre d'injection et de cuisine anatomique. Elle contient un appareil à injection de Ludwig, une niche à évaporation, un bassin d'eau avec robinet, une étuve à vapeur munie d'un réfrigérant conduisant l'eau distillée dans un réservoir.

Plan du rez-de-chaussée.

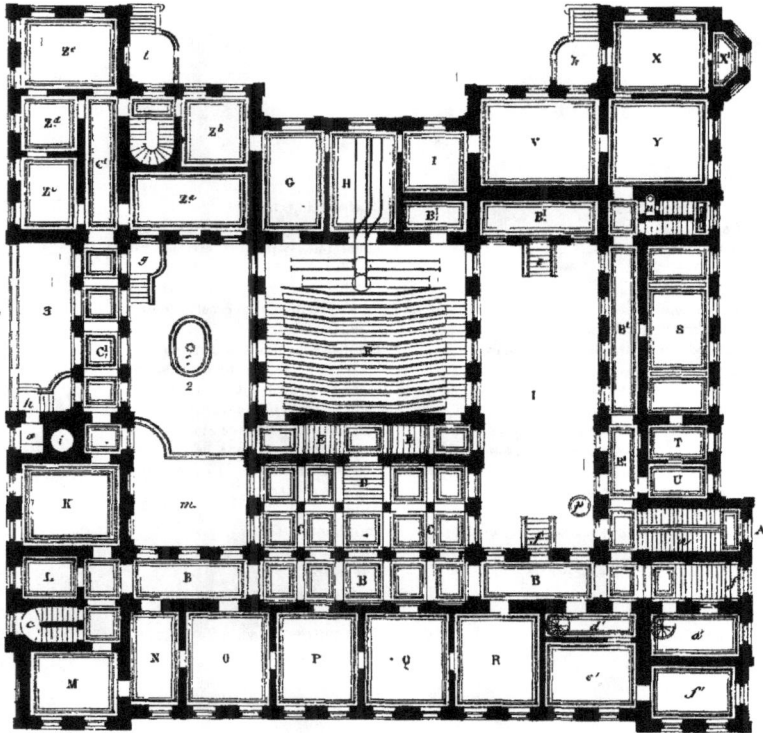

INSTITUT PHYSIOLOGIQUE DE BUDA-PEST

PLAN DU REZ-DE-CHAUSSÉE

LÉGENDE

A	Entrée principale.	Z^b	Cuisine a injections.
B B'C'C'	Corridors et couloirs.	$Z^c Z^d$	Laboratoires pour les analyses de gaz.
C C	Salle des pas-perdus.	Z^e	Laboratoire pour les exercices de
D	Escalier.		vivisection.
E	Grand escalier.	a	Escalier.
F	Grand amphithéâtre.	b	Seconde entrée avec escalier pour le
G	Laboratoire de chimie.		sous-sol.
H	Laboratoire de préparation du cours.	c	Escalier conduisant au sous-sol.
I	Parloir.	d	— sous-sol et a la cour.
K	Petite salle de cours.	c f g h	Escaliers conduisant à la cour.
L	Laboratoire de préparation.	i	Canal de ventilation avec tuyau en fer.
M N O P	Laboratoire de chimie physiologique.	k l	Terrasses fermées avec escaliers con-
Q	Chambre de balances et salle d'exa-		duisant dans la cour.
	mens.	m	Terrasse ouverte.
R	Bibliothèque et salle de lecture.	n o	Cabinets d'aisances.
S T U	Laboratoires de microscopie.	p	Puits.
V	Laboratoire pour les recherches névro-	q	Aquarium.
	myologiques.	a'	Loge avec escalier conduisant au
X	Chambre pour les expériences d'op-		sous-sol.
	tique.	b c'	Logement du mécanicien.
X'	Niche pour expériences d'optique.	d'	Vestibule et escalier.
Y	Muséum.	1 - 2	Cours intérieures.
Z^a	Vivisections.	3	Cour des animaux

Le laboratoire de préparation peut être obscurci complètement au moyen de volets. La lumière solaire, introduite par un héliostat, sert à faire des projections sur la glace dépolie de la salle de cours. Au reste ces projections peuvent être faites dans cette salle elle-même à l'aide de la lumière électrique ou de la lumière de Drummond.

La chambre des batteries, qui est située dans le sous-sol, contient un solide bâti recouvert de plaques d'ardoises sur lesquelles on dépose de grands éléments de Ruhmkorff; les vapeurs qui s'en dégagent sont reçues dans un manteau de cheminée et conduites dans des tuyaux où le tirage est assuré par des becs de gaz.

Dans la chambre des machines se trouve une machine de Gramme pouvant développer une intensité lumineuse de 120 à 150 carcels. Elle est mise en activité par un moteur Lenoir de 3 chevaux qui sert aussi à mettre en mouvement une machine à force centrifuge de Jahr et une pompe à eau aspirante. Enfin, à l'aide d'un arbre de transmission, le mouvement peut être communiqué à des appareils situés dans d'autres pièces.

Nous ne croyons pas devoir décrire en détail le laboratoire de chimie, ainsi que le laboratoire qui sert plus particulièrement aux exercices pratiques des élèves et qui est d'ailleurs pourvu des tables, appareils et ustensiles nécessaires, ainsi que d'un âtre fermé ou grande niche de travail. Le sol est revêtu en stuc (terazzo), ce qui permet de l'entretenir propre et de recueillir facilement le mercure répandu.

Dans la section physico-physiologique un laboratoire spacieux V sert aux recherches névro-myologiques. Sa situation et de solides fondations le préservent des trépidations du sol. Les murs sont garnis de consoles pour la réception des balances et des galvanomètres. Les fils qui aboutissent à ces derniers reposent sur des châssis élevés. Une niche que l'on peut fermer à volonté reçoit les petites batteries. En raison des appareils magnétiques qui sont disposés dans cette salle on a évité avec soin l'emploi du fer dans les matériaux entrant dans sa construction.

La chambre optique X (Pl. XII), où l'on dispose à volonté de la lumière solaire ou de la lumière électrique, présente une disposition qui mérite d'être notée. Un petit cabinet, attenant X′, peut servir à des expériences sur la perception des couleurs. A cet effet, la porte de communication est munie d'un tableau glissant dans des coulisses et interceptant complètement la lumière. Ce tableau est percé d'ouvertures sur lesquelles, à l'aide d'appareils disposés dans le laboratoire optique, on peut projeter, à des intervalles déterminés, des faisceaux de lumière diversement colorée, de telle sorte qu'un observateur placé dans le cabinet puisse percevoir et enregistrer les sensations perçues.

Fig. 39. — Table pour la microscopie.
Élévation.   Coupe.

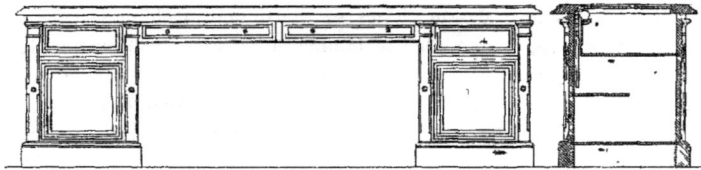

Le laboratoire de microscopie contient huit tables de travail pouvant recevoir chacune deux observateurs. La figure 39 donne les détails de leur construction. La table en chêne, large de $1^m,25$ et long de $0^m,60$, s'appuie des deux côtés sur deux petites armoires. Celles-ci sont divisées en deux étages dont l'inférieur, fermé par une porte, sert à recevoir divers objets et ustensiles. Le compartiment supérieur, profond de $0^m,10$, est fermé par un couvercle qui est de niveau avec la table et qui est articulé de façon à pouvoir glisser comme un rouleau, disposition qui permet de découvrir facilement et de saisir les objets qui sont serrés dans ce compartiment supérieur. La hauteur modérée de la table $(0^m,73)$ permet d'observer au

Fig. 40.— Guéridon.

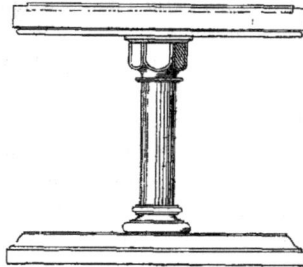

microscope, dans la position assise. Au contraire, lorsqu'il s'agit de faire des préparations sous la loupe, la flexion prolongée du corps pourrait imposer une fatigue. On se sert alors de petits guéridons qui sont représentés (fig. 40) et qu'on place sur la table. Leur hauteur ne dépasse pas 23 centimètres. Le pied et la colonne sont en fonte. Le dessus, long de 18 centimètres et large de 11 centimètres, est revêtu d'une glace et partagé par du papier blanc et noir sous-jacent en deux champs distincts.

Des lampes à gaz disposées à l'extrémité de bras articulés et fixés aux parois permettent de profiter pour le travail des heures de la soirée. Une boîte à réactifs et une petite niche à évaporation sont à la portée des personnes qui se livrent à des expériences microchimiques.

INSTITUT ANATOMIQUE DE LEIPZIG

Le 26 avril 1869 l'institut physiologique[1] de Leipzig, où M. Ludwig et ses élèves déploient une activité scientifique si fructueuse, était inauguré. Deux jours plus tard, le ministre de Falkenstein faisait connaître à la Faculté de médecine de l'Université de cette ville l'intention du gouvernement saxon de fonder un établissement anatomique qui fût en harmonie avec les laboratoires dont cette Université était déjà dotée. Cet institut anatomique a été ouvert le 26 avril 1875. Dans le discours d'inauguration, M. le professeur Wilhelm His fait connaître les idées qui ont servi de base à la rédaction du programme, et décrit ensuite la disposition des lieux. Nous croyons utile de donner ici, à ce double point de vue, la substance de son exposé.

Quel contraste entre l'étendue du nouveau bâtiment avec ses locaux nombreux, appropriés à tous les besoins de la science et de l'enseigne-

[1] Voir mon *Rapport sur les Hautes Études pratiques dans les universités allemandes.* Paris, 1870, p. 65.

ment, avec ses salles lumineuses et aérées, et la petite maison à un
étage et à mansardes, consacrée autrefois à l'enseignement de l'anatomie, où la même chambre servait en hiver aux leçons et aux dissections, et où pourtant les frères Weber se sont illustrés. L'étendue qu'il
convient de donner à un établissement de ce genre est précisément une

Fig. 41. — Glacière et amphithéâtre de l'Institut anatomique de Leipzig; coupe.

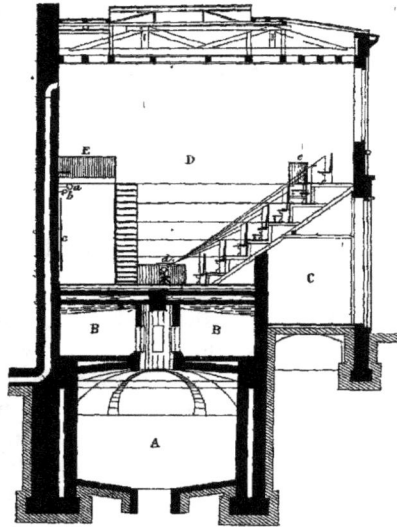

A, glacière. — B, chambres froides. — C, vestiaire. — D, amphithéâtre. — E, galerie. — a, rouleau avec
toile pour projections. — b, suspension des dessins. — c, tableau noir, — d, table de démonstration. —
e, terrasse pour les projections.

des difficultés à résoudre dans la confection du programme. Il va sans
dire qu'elle devra être proportionnée, en premier lieu, au nombre des
auditeurs et surtout des pratiquants, car l'enseignement de l'anatomie
pratique est le principal but à poursuivre ; mais ce n'est pas le seul.

Des locaux doivent être réservés pour les recherches, dont la direction peut varier, des salles disposées pour les collections dont les richesses augmentent chaque jour. Et puis n'est-il pas vrai que l'anatomie s'est subdivisée, comme d'autres sciences, en un certain nombre de branches, que l'anatomie générale des tissus ou l'histologie réclame un personnel particulier et un outillage spécial ; que l'anatomie chirurgicale et la médecine opératoire ont besoin de démonstrations particulières sur le cadavre ; que l'anatomie comparée elle-même, et nous pourrions ajouter l'anthropologie, ne doivent pas être exclues entièrement. Ce sont là des besoins nouveaux et pressants auxquels il faut satisfaire, et ces besoins sont changeants. Qui pourra dire ce qu'ils seront dans cinquante ans ? Ces réflexions, qui s'appliquent à toutes les sciences expérimentales, font comprendre la nécessité de donner aux établissements destinés à leur culture des dimensions plutôt supérieures aux besoins du moment, afin de n'imposer aucune gêne aux générations qui suivront immédiatement la nôtre, et aussi de bannir le luxe inutile et les dimensions monumentales, qui plus tard deviennent un obstacle à des améliorations partielles. On a souvent dit que l'anatomie est le fondement d'une bonne éducation médicale, et ce serait presque un lieu commun que de le répéter, si on négligeait d'ajouter que par la simplicité de la méthode, la précision des faits, la sobriété des théories, elle réveille et développe plus que toute autre science l'habitude de l'observation exacte. Elle fait comprendre à ceux qui la cultivent, l'importance du fait, même celle du détail, et leur donne tout à la fois une main sûre, un œil exercé et la disposition de ne s'attacher qu'aux conséquences prochaines des faits.

Nous passons maintenant à la description des locaux.

Disposition générale et dimensions principales des bâtiments.

Comme le montre le plan (Pl. XIII), l'institut anatomique de Leipzig s'élève sur un terrain ayant la forme d'un trapèze, avec troncature d'un angle aigu. Les deux façades parallèles se développent l'une sur une longueur de 73 mètres, l'autre de 62 mètres. Le terrain est bordé de rues de trois côtés, et touche à un square par le quatrième.

La disposition générale des locaux a été commandée par les dimensions à donner à la salle de cours, aux salles de dissection, aux salles de collections, etc. On a compté sur une moyenne de 150 élèves pratiquants, non compris un certain nombre d'étudiants adonnés aux études cliniques et auxquels on offre l'occasion de revoir certaines parties de l'anatomie pratique.

On avait à installer les groupes suivants :

1° Amphithéâtre pour les cours théoriques, pouvant recevoir 150 auditeurs, avec laboratoire de préparation et longue galerie bien éclairée pour la démonstration ; petite salle de cours ;

2° Salles de dissection, avec pièces annexes, salles pour les travaux microscopiques, chambre spéciale pour les épreuves pratiques des examens ;

3° Laboratoires de recherches pour le personnel enseignant ; ateliers pour les mécaniciens, les dessinateurs, les photographes ;

4° Salles de collections ;

5° Logements pour les assistants et les gens de service ;

6° Chambre des morts, chambre de macération, écuries, etc.

Une circonstance particulière aurait pu amener quelque hésitation dans la distribution et l'aménagement de tous ces locaux. La Faculté de Leipzig possède une chaire spéciale pour l'anatomie topographique ou des régions, chaire dont le titulaire doit avoir la libre disposition de certains locaux. On avait essayé d'abord de lui attribuer une installation spéciale ; mais, comme il est impossible de distraire l'anatomie topographique de l'anatomie systématique, et que les deux enseignements sont connexes, on a renoncé plus tard à séparer les services, d'où il résulte que les deux professeurs profitent des mêmes locaux pour l'enseignement : arrangement amiable qui témoigne de leurs bons sentiments, mais qu'il serait imprudent de proposer comme modèle. Ajoutons toutefois qu'une pièce servant à la préparation des cours d'opérations, ainsi que le petit am-

Plan du sous-sol.

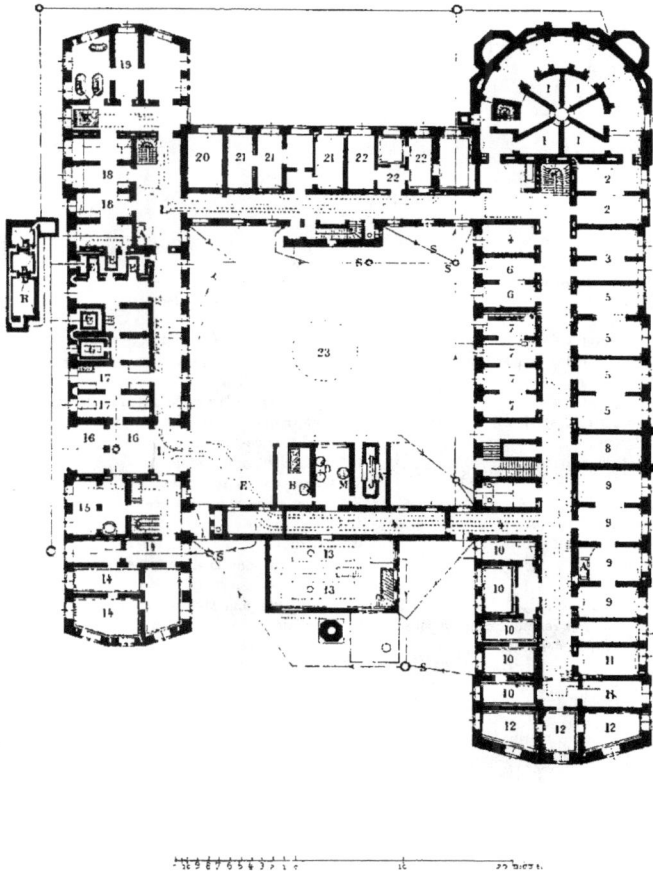

INSTITUT ANATOMIQUE DE LEIPZIG

PLAN DU SOUS-SOL

LÉGENDE

1 Chambres.
2 Caves aux provisions.
3 Magasin pour la verrerie.
4 Cave pour l'alcool.
5 Caves.
6 Chenils et étables.
7 Chambres pour les macérations et les dégraissements.
8 Compteur à gaz.
9 Magasins pour le service de l'anatomie des régions.
10 Logement du concierge.
11 Caves.
12 Atelier mécanique.
13 Salle pour les chaudières.
14 Logement du chauffeur.
15 Buanderie.
16 Passage.
17 Dépôt des morts.
18 Caves avec caisses remplies d'alcool pour la conservation des sujets.

19 Salle pour les injections.
20 Passage.
21 Logement du garçon.
22 Logement du mécanicien.
23 Bassin.
A Atres avec vitrines à coulisses.
B Appareil pour la préparation de la masse à désinfection.
D Appareils pour la distillation (eau distillée).
E Compartiments étanches maintenus à 0°, pour la conservation des cadavres.
G Appareils à congélation.
I Cuves pour les injections.
K Réservoir pour remplir ces cuves.
L Canaux d'air.
M Moteur.
R Réservoir pour la désinfection des eaux impures.
S Collecteurs pour les eaux impures.
V Ventilateur.

phithéâtre, sont à la disposition spéciale du professeur d'anatomie topographique.

Distribuer abondamment l'air et la lumière à tous les locaux énumérés plus haut, était une des données principales du programme. On s'est appliqué, en outre, à éloigner autant que possible des rues avoisinantes et à isoler les salles de dissection et leurs annexes. Ces considérations ont déterminé la disposition générale du plan indiqué planches XIII et XIV. Un bâtiment principal s'élève le long d'une rue (*Waisenhausstrasse*) qui donne accès à d'autres établsisements universitaires, et ce bâtiment contient, au rez-de-chaussée, les services généraux, le grand amphithéâtre, le laboratoire de microscopie, les chambres des prosecteurs; au premier étage, les collections et les laboratoires, la chambre du directeur, etc. Un bâtiment comprenant seulement un rez-de-chaussée élevé sur un sous-sol s'étend parallèlement au premier, dont il est séparé par une cour psacieuse, inondée de lumière. Il renferme, au rez-de-chaussée, les salles de dissection ; dans les sous-sols, les annexes, telles que salle de dépôt, cuisine anatomique, salle pour les injections, etc. Ce bâtiment est séparé de la rue par un espace triangulaire couvert de plantations. Les deux bâtiments sont reliés de chaque côté par des constructions dont l'une, simple couloir, fait communiquer les sous-sols et les rez-de-chaussée des bâtiments principaux, tandis que l'autre établit non seulement la communication avec l'autre côté, mais abrite encore une grande salle de démonstration contiguë au grand amphithéâtre. Un simple coup d'œil jeté sur le plan fait comprendre toutes ces dispositions, dont il est inutile de décrire ici les détails. Indiquons seulement l'étendue respective de ces divers corps de bâtiments.

	Profondeur	Surface bâtie
Bâtiment principal.....................	16,5	1155 mètr. car.
Dissections et annexes................	11,5	675 —
Bâtiment de communication Est........	9,7	262 —
Bâtiment de communication Ouest.....	3,3	89 —
En somme les constructions (à l'exception de la salle des chaudières) couvrent une surface de............................		2181 mètr. car.

A cela il faut ajouter une surface de 1255 mètres carrés pour les

locaux situés au premier étage du bâtiment principal. Les constructions entourent une grande cour à peu près carrée (27ᵐ,8 sur 27ᵐ,4), et
dont le centre est occupé par un bassin servant d'aquarium.

VENTILATION ET CHAUFFAGE.

Le chauffage et la ventilation ont lieu par propulsion d'air, lequel est
chauffé en hiver dans des chambres traversées par des serpentins à
vapeur. Ce service a été installé par les frères Sulzer de Winterthur. Les
locaux à chauffer et à ventiler, d'une capacité de 13,860 mètres cubes,
sont portés à des températures différentes, savoir : 18 à 20° pour les salles
de travail, 12°,5 pour les corridors et les salles de collections. Les
premiers reçoivent au moins 40 mètres cubes d'air par travailleur et
par heure ; dans les autres l'air se renouvelle entièrement trois fois
par heure. La salle de dépôt et les annexes sont ventilées à froid. En
outre, des dispositions sont prises pour que certains groupes de locaux,
tels que les salles de dissection, puissent être isolés, en quelque sorte,
pour être ventilés et chauffés à part. Le ventilateur a 3 mètres de
diamètre et pousse, à chaque tour, dans la canalisation 5 à 6 mètres
cubes d'air, qu'il puise dans la cour, ce qui fait, pour 125 tours à
la minute, 42,000 mètres cubes d'air par heure. Les chambres de
chauffe sont au nombre de dix. Le cours de la vapeur pouvant être
intercepté à chaque chambre de chauffe, on peut, à volonté, exclure
certains locaux du chauffage.

DÉSINFECTION.

Tous les débris de cadavres qui ne sont pas conservés dans l'esprit-
de-vin sont livrés à la sépulture. Les conduits abducteurs n'entraînent
au dehors que les matières solides et liquides emportées par les eaux
de lavage et dont la quantité est relativement peu considérable. D'après
une détermination qu'a faite M. le professeur Fr. Hoffmann, à l'institut
pathologique, on consomme pour chaque cadavre 30 à 40 litres d'eau

qui entraînent 74 grammes de matériaux solides, soit 23 kilogrammes par an pour 300 cadavres. C'est moins que la quantité de matières fécales évacuées par un homme adulte dans le même espace de temps. D'un autre côté, les germes provenant de maladies infectieuses sont moins à redouter à Leipzig qu'ailleurs par la raison que l'institut anatomique de cette ville est principalement alimenté par les cadavres de suicidés qui y sont envoyés, par chemin de fer, de toutes les parties du royaume de Saxe. Néanmoins, pour écarter non seulement toute cause d'insalubrité ou d'incommodité pour le voisinage, mais encore tout soupçon de contamination, on a pris des mesures pour la désinfection des liquides évacués. Elles consistent à verser des liquides désinfectants dans une série de cuves ou récipients disposés sur le trajet des conduits et finalement dans un grand bassin collecteur R (Pl. XIII) situé à l'embouchure de ces conduits dans les égouts de la ville.

Une des causes principales d'infection dans un établissement anatomique est la chambre de macération, ordinairement établie dans le sous-sol. Lorsque, d'après les procédés anciens, on fait simplement macérer les os dans les cuves avec de l'eau et à l'air libre, cette eau devient rapidement infecte et répand une odeur intolérable. En outre, l'opération dure très longtemps. On a remédié à ces inconvénients, à l'institut anatomique de Graz, en construisant des appareils spéciaux servant, d'une part, à la macération des os, de l'autre à leur dégraissement. Les premiers consistent en une série de cuves parfaitement closes, lesquelles sont continuellement traversées par un courant d'eau chaude provenant d'une chaudière et dirigée dans l'égout au sortir des cuves. Pour le dégagement des gaz nuisibles, ces dernières sont munies, à la partie supérieure, de tuyaux qui conduisent l'air infecté sous les foyers des chaudières à vapeur. Ainsi soumises à l'action d'un courant d'eau chaude qui se renouvelle sans cesse, les pièces sont complètement macérées dans l'espace de trois jours.

L'appareil pour le dégraissement consiste essentiellement en un réservoir hermétiquement clos, où les os sont enfermés et dans lequel on dirige des vapeurs de benzine qui s'y condensent. La benzine condensée et chargée de matière grasse reflue dans l'appareil distillatoire où elle reprend la forme de vapeur et où elle abandonne la matière grasse. Il faut éviter avec soin l'emploi du fer dans la construction de ces cuves ou réservoirs, la rouille formée par l'oxydation de ce métal tacherait les os.

CONSERVATION DES CADAVRES.

Ils arrivent d'abord, par un passage communiquant avec la rue, dans une pièce contiguë à la salle des dépôts et où ils sont nettoyés et injectés. Le liquide conservateur, mélange d'alcool, de glycérine et de phénol, est celui que nous employons à Paris depuis quinze ans. Pour la conservation des sujets on a pris diverses dispositions auxquelles on attache d'autant plus d'importance que les cadavres des suicidés arrivent dans toutes les saisons. Il faut en faire provision pendant l'été et pendant les vacances. On les conserve dans de grandes caisses remplies d'esprit-de-vin, procédé efficace mais qui peut offrir certains inconvénients au point de vue des dissections. On a adopté aussi diverses dispositions pour la conservation des cadavres à une basse température. C'est d'abord une grande glacière représentée fig. 41 et au-dessus de laquelle sont disposées deux chambres froides. Ce sont ensuite trois compartiments étanches entourés de glace et ouverts à une extrémité par laquelle on peut introduire deux cadavres qui y reposent comme dans de vastes cercueils glacés.

Ces compartiments, dont le plan est représenté en E (Pl. XIII), ont été installés d'abord à l'institut anatomique de Graz. Ils sont destinés principalement à recevoir pendant la nuit des cadavres sur lesquels on avait opéré pendant la journée. C'était introduire dans le service une certaine complication et cela, d'après M. le professeur His, sans grande utilité. Ces espaces froids, où l'air ne circule pas, sont dévorés par la rouille et les moisissures. Finalement on a abandonné l'emploi de ce moyen de conservation pour s'en tenir à l'injection d'un liquide antiseptique.

SALLES DE DISSECTIONS ET ANNEXES.

Elles sont au nombre de deux, une grande et une petite ; la première offrant une surface de 220 mètres carrés, la seconde une surface de 90 mètres carrés. Telle est aussi l'étendue de la salle de médecine opératoire, disposée symétriquement à l'autre extrémité du bâtiment. Toutes ces salles reçoivent le jour latéralement : la première, de chaque côté, par huit fenêtres larges de 1m,6 ; les autres par neuf fenêtres qui laissent entrer le jour par trois côtés.

La grande salle renferme douze tables de dissection fixes pouvant admettre chacune six pratiquants. On a disposé, en outre, dans l'embrasure des seize fenêtres, des tables pour deux pratiquants, et on arrive ainsi à un total de 104 places qui peuvent être portées à 120, au moyen de quelques tables mobiles installées aux extrémités. La petite salle qui ne reçoit que des tables mobiles (à roulettes) peut admettre 30 étudiants. Ces tables reposent sur un pied en fonte qui est creux et traversé par des tuyaux d'eau adducteurs et abducteurs. Elles peuvent tourner autour de leur axe et supportent une solide couverture en zinc ; celle-ci peut être enlevée à volonté pour être ajustée sur les tables à roulettes qui sont en fonte, et même sur la table de démonstration de l'amphithéâtre. Indépendamment des tables qu'on vient de décrire, de petites tables de 37 centimètres sur 32 sont à la portée des élèves qui y déposent leurs livres et leurs instruments.

Les piliers qui séparent les fenêtres portent des tableaux noirs pour les dessins à la craie et, au milieu, des bassins avec robinets d'eau. Les deux parois opposées, non percées de fenêtres, sont garnies d'armoires dans lesquelles les élèves serrent leurs instruments.

Les parquets sont en chêne verni, disposition dont le M. le professeur His se loue beaucoup, parce qu'elle donne à toute la salle un air de propreté et aux élèves l'habitude de travailler avec soin. On ne tolère ni liquides répandus, ni débris qui traînent.

Les parois sont couvertes d'un enduit calcaire qui est peint. On a banni, comme un luxe, inutile, le revêtement en stuc ou en faïence émaillée.

L'éclairage est suffisant ; pour le travail du soir on éclaire au gaz, deux becs avec réflecteurs étant disposés au-dessus de chaque table. Un des inconvénients de ce mode d'éclairage est la dessiccation rapide des pièces frappées par la lumière artificielle.

La petite salle de dissection sert principalement aux préparations névrologiques. On y trouve l'avantage d'une surveillance plus facile et l'occasion d'une certaine émulation qui s'établit entre les élèves, les habiles et les zélés entraînant les autres.

SALLES DE MICROSCOPIE.

Elles sont disposées au rez-de-chaussée du bâtiment, sur la cour, et prennent jour au nord par quatorze fenêtres devant lesquelles sont établies les tables de travail. Au milieu des deux pièces se trouvent disposées, en outre, comme l'indique le plan (Pl. XIV), cinq tables. Ces salles se sont trouvées trop petites pour les démonstrations et exercices pratiques du cours d'histologie. On a donc pris le parti d'en réserver une pour les travaux des élèves avancés et l'autre pour des répétitions d'anatomie. Cette dernière est garnie de préparations ostéologiques et de dessins. Quant aux exercices d'histologie, ils ont lieu en été, dans la grande salle de dissection, favorablement éclairée pour ce genre de travail.

AMPHITHÉÂTRE ET SALLE DE DÉMONSTRATION.

L'amphithéâtre occupe les deux étages du bâtiment principal. Les gradins s'élèvent au nombre de sept les uns au-dessus des autres, suivant une pente assez rapide, comme le fait voir la figure 41. Le gradin inférieur entoure un espace en fer à cheval, large de $2^m,40$, et où est disposée la table de démonstration (voir fig. 41 et Pl. XIV). Le gradin supérieur est circonscrit par un couloir que des portes mettent en communication avec les locaux du premier étage. On monte dans l'amphithéâtre soit par deux escaliers

Plan du rez-de-chaussée.

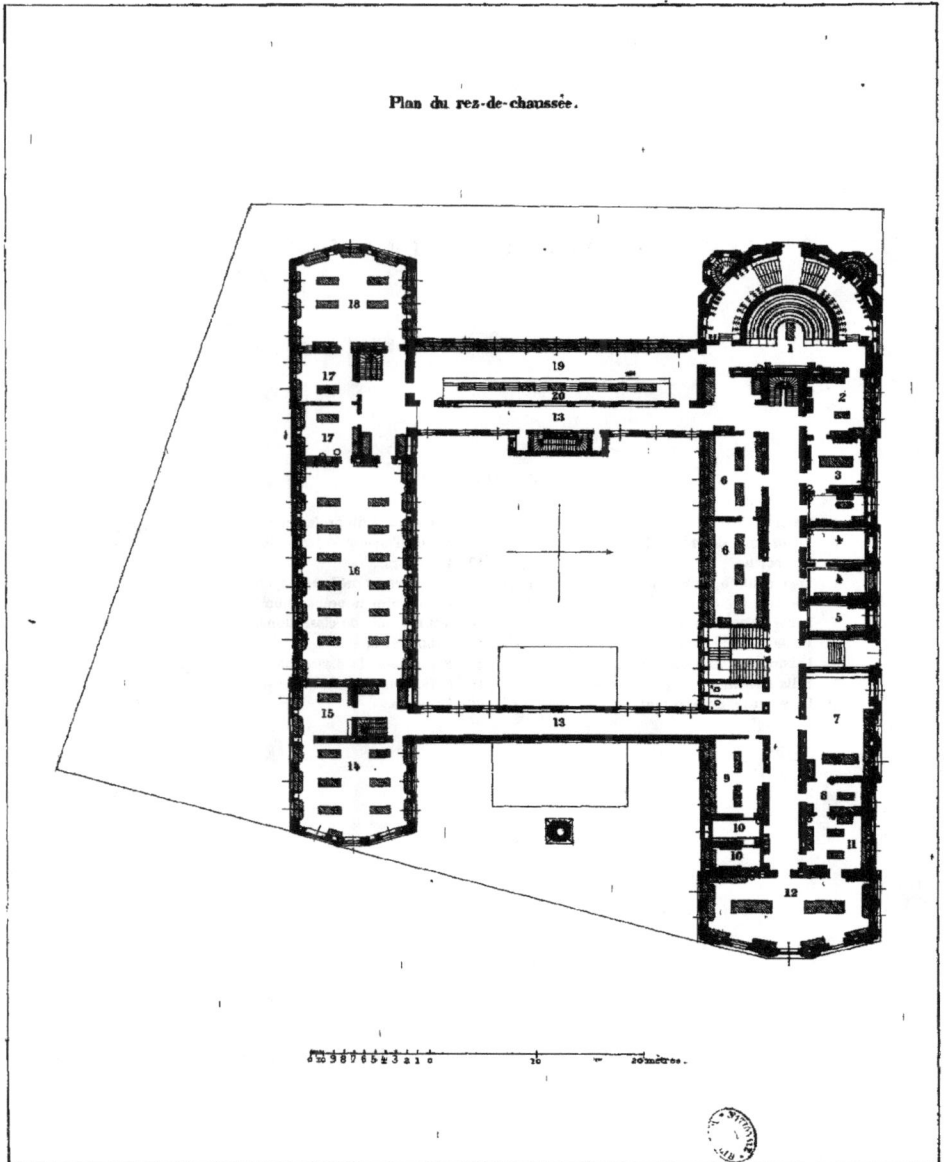

Gravé par L. Sonnet   Paris, Imp. Becquet

INSTITUT ANATOMIQUE DE LEIPZIG

———

PLAN DU REZ-DE-CHAUSSÉE

———

LÉGENDE

1 Amphithéàtre.
2 Laboratoire de préparation.
3 Prosecteur.
4 Logement de l'assistant.
5 Concierge.
6 Laboratoire d'histologie.
7 Petite salle de cours.
8 Laboratoire de préparation.
9 Salle d'examens.
10 Logement d'un assistant.

11 Laboratoire du professeur.
12 Musée d'anatomie des régions.
13 Corridors.
14 Exercices de médecine opératoire.
15 Laboratoire de préparation.
16 Grande salle de dissections.
17 Laboratoire.
18 Petite salle de dissections.
19 Galerie de démonstrations.
20 Terrasse.

intérieurs s'élevant de chaque côté des gradins et dont l'un est visible
(fig. 41) soit par des escaliers pratiqués dans des tourelles adossées
extérieurement au bâtiment. Le gros mur opposé à la partie cintrée de
l'amphithéâtre est séparé de celui-ci par un passage ou couloir latéral
long de 2^m,20. L'amphithéâtre, large de 15^m,6, mesure 11^m,5 dans sa
plus grande profondeur. Il contient 166 places. Le jour arrive à la fois
par en haut et latéralement, combinaison excellente. Les trois croisées
percées au-dessus des gradins mesurent chacune 3^m,8 en longueur et
3 mètres en hauteur.

Le châssis vitré qui est inséré dans la couverture a 5^m,6 de côté.

La courbe suivant laquelle s'élèvent les gradins est calculée de telle manière, que la table de démonstration soit accessible à tous les regards,
chacun pouvant y plonger par-dessus les têtes les plus rapprochées,
comme le montrent les lignes droites partant des dossiers et aboutissant à
la table (fig. 41). Chaque banquette est garnie d'un dossier à pupitre dont
la tablette est large de 24 centimètres. Pour la facilité de la circulation,
les banquettes peuvent être relevées, comme au théâtre.

La galerie de démonstration (Pl. XIV, n° 19), contiguë à l'amphithéâtre, offre un complément fort utile de l'enseignement oral. Elle
a 27 mètres de long, sur une largeur de 5^m,5. Elle reçoit le jour, du côté
de l'est, par neuf croisées larges de 1^m,6, et dont les embrasures sont garnies de tables pouvant recevoir 29 microscopes. Du côté opposé, sont
dressées, à une hauteur convenable, sept tables pouvant recevoir des
préparations anatomiques, exposées en pleine lumière et facilement abor-
dables. On y monte des pièces très diverses de façon, que les détails d'anatomie fine qui échapperaient à la vue dans le grand amphithéâtre puissent
être aperçues de tous, après la leçon. Derrière ces tables règne un couloir
très bien éclairé, où l'on peut exposer des dessins, tandis que les trumeaux
entre les fenêtres sont garnis de tableaux noirs. L'appareil à projection est
disposé en e (fig. 41). Il est éclairé par la lumière de Drummond alimentée
par l'oxygène d'un petit gazomètre qui est placé dans une pièce du
premier étage. Les images viennent se projeter sur une toile blanche qui
se déroule et s'enroule à volonté sur un axe. D'épais rideaux, tirés sous

le châssis vitré et devant les fenêtres, permettent d'intercepter. le jour.

Parmi les autres locaux que renferme l'institut anatomique de Leipzig, nous citerons encore un laboratoire de chimie, avec table de travail, niche à évaporation, trompe de Bunsen, couveuse pouvant recevoir 200 œufs. Les autres locaux, tels que magasins, cours, logements, etc., visibles sur le plan, ne méritent pas une description spéciale.

INSTITUT PATHOLOGIQUE DE BERLIN

Nous avons décrit dans une publication précédente [1] l'institut pathologique de Berlin. M. le professeur Virchow a obtenu récemment les allocations nécessaires pour doubler l'étendue et les services de cet établissement qu'il dirige avec tant d'activité et de distinction. Grâce à son obligeance nous pouvons mettre sous les yeux du lecteur les plans de l'édifice agrandi, qui est situé, comme on sait, dans l'hôpital de la Charité de Berlin.

La légende qui accompagne les plans indique suffisamment la destination des locaux, sans que nous ayons besoin d'entrer à cet égard dans des développements nouveaux. Rappelons seulement que le sous-sol comprend une glacière, les salles de dépôt des morts (une salle spéciale étant réservée pour les cadavres devant être l'objet de constatations juridiques), une salle de macération, des cages et étables pour les animaux, etc. ; que les services afférents à l'anatomie pathologique, aux autopsies, aux exercices de microscopie, aux expériences sur les animaux, aux vivisections sont installés au rez-de-chaussée, et que le premier étage contient à gauche les laboratoires de chimie avec leurs annexes, le reste du bâtiment étant occupé par une salle de bibliothèque, la salle de cours et la grande salle de démonstration que nous avons décrite, et dans laquelle les microscopes, glissant sur des rails, passent sous les yeux des élèves. Quant au deuxième étage, il com-

[1] *Les Hautes Études pratiques dans les universités allemandes*, p. 76.

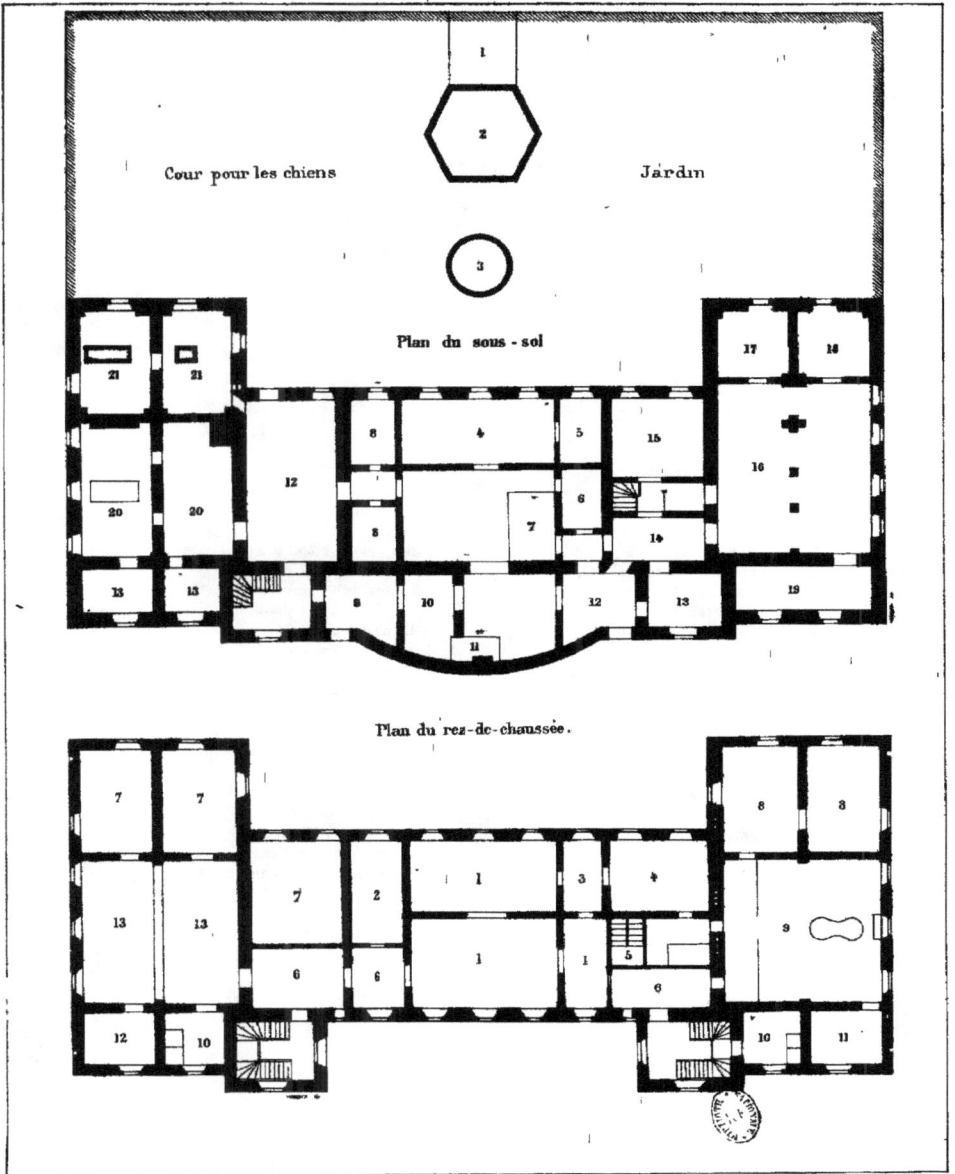

Cour pour les chiens   Jardin

Plan du sous-sol

Plan du rez-de-chaussée.

INSTITUT PATHOLOGIQUE DE BERLIN

PLANS

LÉGENDE

SOUS-SOL.

1 Cour pour les lapins.
2 Etable pour les lapins et cobayes.
3 Ranarium.
4 Cages pour les oiseaux et lapins.
5 Animaux en expérience.
6 Cave au charbon.
7 — au bois.
8 Caves.
9 Vestibule.
10 Salle d'attente.
11 Dépôt des bières.
12 Salle d'attente pour le public.
13 Chauffage.
14 Passage.
15 Vestiaire pour les morts.
16 Dépôt des morts.
17 Préparations.
18 Glacière.
17 Salle pour les autopsies médico-légales.
20 Laboratoire pour les grosses préparations chimiques.

21 Salles de macération.

REZ-DE-CHAUSSÉE.

1 Salles pour préparations et vivisections.
2 Chambre du 1er assistant.
3 — du 2e assistant.
4 Salle d'autopsies.
5 Escalier du sous-sol.
6 Antichambres.
7 Cabinet et laboratoire du directeur.
8 Salles pour les exercices de médecine opératoire et pour les autopsies médico-légales, servant aussi de salles d'examens.
9 Salle pour les autopsies cliniques.
10 Cabinets d'aisances.
11 Chambre pour le garçon.
12 Couveuse et injections.
13 Grande salle pour les travaux de micrographie; vivisections.

Plan du 1er étage.

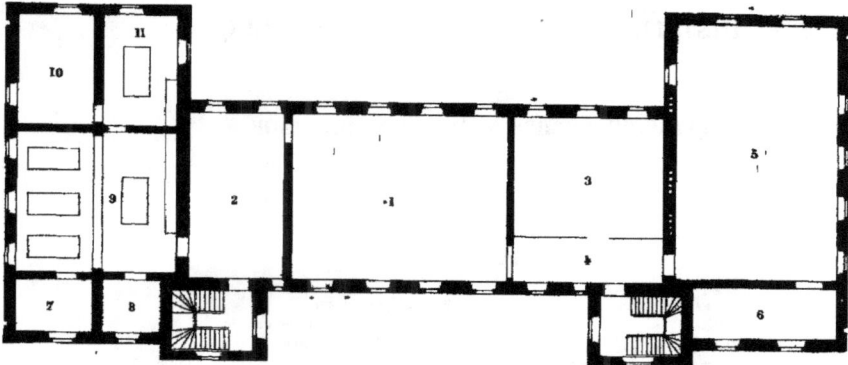

Plan du 2me étage

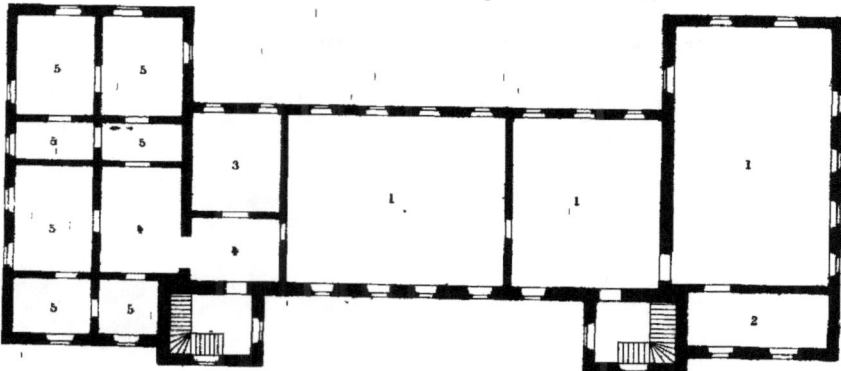

Gravé par L Sonnet

Paris Imp Becquet

INSTITUT PATHOLOGIQUE DE BERLIN

—

PLANS DU PREMIER ET DU DEUXIÈME ÉTAGE

—

LÉGENDE

PREMIER ÉTAGE.

1 Amphithéâtre.
2 Laboratoire de chimie pour expériences sur les animaux.
3 Collection et bibliothèque.
4 Passage.
5 Salle pour les démonstrations d'histologie [1].
6 Dépôt de microscopes et de préparations microscopiques.
7 Chambre de balances.

8 Analyse des gaz.
9 Grand laboratoire de chimie.
10 Salle de collections.
11 Laboratoire pour l'assistant de chimie.

DEUXIÈME ÉTAGE.

1 Salles de collections.
2 Collection d'anthropologie.
3 Logement du garçon.
4 Vestibule.
5 Logements des gens de service.

[1] Voir *Hautes Études pratiques dans les universités allemandes*, pl. XVI.

prend, indépendamment de logements pour les gens de service, les salles qui contiennent la riche collection formée par M. Virchow en anatomie pathologique et en anthropologie.

INSTITUT PATHOLOGIQUE DE MUNICH [1]

L'institut pathologique de Munich est contigu à l'hôpital universitaire dont il n'est séparé que par la largeur d'une rue, et est situé dans le voisinage immédiat des instituts physiologique, anatomique et hygiénique. Il y a là, comme on voit, un groupe d'établissements universitaires concentrés en un quartier un peu éloigné, il est vrai, mais élevé et aéré, dans le voisinage de la grande prairie où se dresse la « Bavaria » de Schwanthaler (*Theresienwiese*). La façade principale est en bordure sur la rue dont il s'agit (*Krankenhausstrasse*) et qui est plantée d'arbres ; une de ses façades latérales est tournée du côté de la ville, l'autre du côté de la « Theresienwiese » : on y jouit d'une vue étendue sur la chaîne des Alpes. L'édifice occupe une surface de 3,065 mètres carrés.

Inauguré le 9 janvier 1875, l'institut pathologique de Munich renferme tous les moyens de travail destinés à l'étude des phénomènes pathologiques. A cet effet, on y a réuni divers services comprenant des locaux, 1° pour l'anatomie pathologique, 2° pour l'histologie, 3° pour les recherches chimiques et physiques, 4° pour l'expérimentation sur les animaux. Chacun de ces départements comprend des salles superposées dans les divers étages ; ils sont mis en communication les uns avec les autres par un vaste escalier établi dans le centre du bâtiment et éclairé par en haut. Par suite de l'orientation de ce bâtiment et de son isolement dans un terrain relativement étendu, la lumière et l'air pénètrent facilement dans tous les locaux. La ventilation a lieu par propulsion d'air. Un ventilateur, mis

---

[1] *Das pathologische Institut der K. Universität München* von L. V. Buhl und A. Zenetti. München, 1875.

en mouvement par une locomobile de 2 à 3 chevaux et exécutant 360 tours par minute, puise l'air dans une petite tour carrée située dans la cour ; cet air passe dans le bâtiment par un canal qui se bifurque en deux branches, dont l'une conduit l'air froid dans la salle d'exposition des morts. dans le dépôt des cadavres, dans les lieux d'aisances. et dont l'autre conduit l'air dans des chambres de chauffe traversées par des tuyaux où circule, en hiver, de l'eau chaude. L'air chaud et pur est

Fig. 42. — Institut pathologique de Munich ; façade principale.

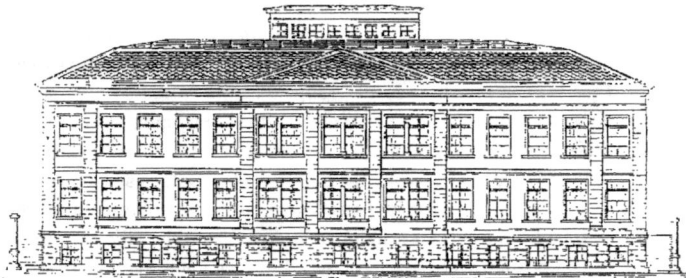

distribué dans l'amphithéâtre, dans les salles d'autopsie, dans les laboratoires, etc. L'air vicié s'échappe par des conduits verticaux ménagés dans l'épaisseur des murs.

Le chauffage a lieu par circulation d'eau chaude. La chambre de chauffe (9, Pl. XVII) s'ouvre sur le grand escalier, de telle sorte que la chaleur se répand dans ce dernier dès qu'on laisse la porte ouverte.

L'eau est pompée dans un grand réservoir en cuivre placé dans les combles. Elle y est portée en hiver à une température modérée par un serpentin qui traverse ce réservoir et qui reçoit la vapeur perdue de la locomobile. La situation élevée de ce réservoir permet l'établissement facile de trompes et de souffleries, dans le laboratoire de chimie. L'eau impure s'écoule dans un égout de la ville par un réseau de tuyaux de grès.

Plan du rez-de-chaussée.

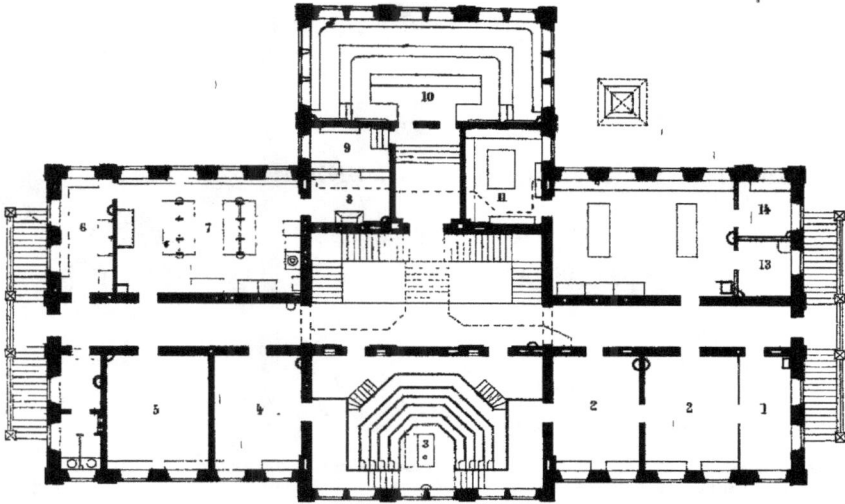

Plan du sous-sol.

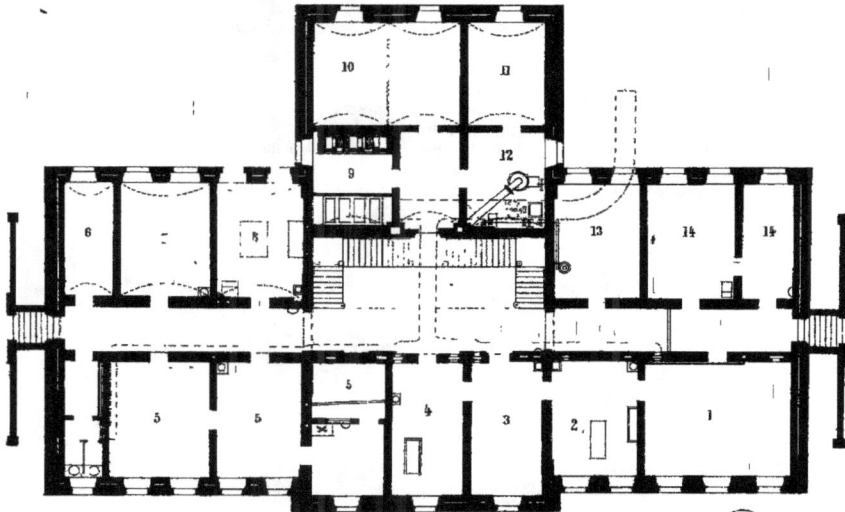

INSTITUT PATHOLOGIQUE DE MUNICH

———

PLANS

———

LÉGENDE

REZ-DE-CHAUSSÉE.

1   Chambre du garçon.
2   Laboratoires d'anatomie pathologique.
3   Salle des autopsies cliniques.
4   Chambre du professeur et bibliothèque.
5   Logement de l'assistant de chimie et de physique.
6   Laboratoire de chimie (12 places).

8   Chambre pour les combustions organiques.
9   Chambre de balances.
10   Salle de microscopie.
11   Instrumentarium.
12   Laboratoire d'expérimentation.
13   Chambre pour les expériences d'optique.
14   —   l'analyse des gaz.

SOUS-SOL.

1   Salle d'exposition des morts.
2   Salle d'autopsies.
3   Dépôt des cadavres et vestiaire.
4   Ascenseur pour les cadavres.
5   Logement du garçon.
6   Cave.
7   Chambre du chauffeur.
8   Laboratoire de chimie pour les grosses opérations.
9   Chambre de chauffe.
10   Cave au charbon.
11   Atelier de menuiserie.
12   Salle des machines.
13   Pièce pour les machines à force centrifuge.
14   Logement d'un second garçon.

Parmi les services généraux mentionnons encore un télégraphe électrique qui sert à l'appel des garçons qui sont au nombre de trois.

Les dispositions prises pour assurer le service de l'anatomie pathologique méritent une mention spéciale, 600 à 700 cadavres arrivent chaque année à l'institut et sont déposés d'abord dans une grande salle d'exposition des morts (1, Pl. XVII) garnie d'un bassin de granit et servant en même temps de vestiaire pour les morts. Les cadavres sont partagés en deux catégories, suivant qu'ils seront soumis, les uns à un simple examen nécroscopique, les autres à une autopsie clinique. Les premiers sont transportés, sur une voiture dont les roues sont entourées de bandes de caoutchouc, dans une pièce située à gauche de la salle de dépôt et garnie d'une table de dissection, de tables ordinaires, de pupitres, d'une cuve à eau en granit.

Les cadavres réservés pour les autopsies cliniques sont transportés plus loin dans une salle et déposés sur une balance. Là on les pèse, on les mesure; on peut même déterminer leur volume et par suite calculer leur densité. Le plateau de cette balance forme en même temps le plateau de l'ascenseur par lequel le cadavre va être monté au rez-de-chaussée pour être déposé sur la table d'autopsie. Le plateau dont il s'agit étant maintenu en équilibre, il est très facile de manœuvrer la roue de l'ascenseur.

La table de dissection consiste en une dalle massive de marbre noir, qui repose sur une table en bois taillée de telle façon que l'extrémité correspondant à la tête s'élève de 7 centimètres au-dessus de l'autre, inclinaison qui favorise l'écoulement des liquides, lesquels sont dirigés par des rigoles vers une ouverture pratiquée excentriquement au bord de l'extrémité déclive. On a besoin quelquefois de préparer ou d'exposer aux regards certains organes extraits du cadavre. A cet effet, celui-ci peut être recouvert horizontalement, comme par un pont, par une sorte d'escabeau dont les pieds s'engagent dans des ouvertures percées sur le bord de la dalle de marbre.

Toute la table est d'ailleurs mobile autour d'un axe vertical. La face

inférieure est garnie, au milieu, d'un disque en fonte dont le centre
est traversé par un fort cylindre en fer. Ce dernier se termine par une
pointe en acier qui s'engage dans une matrice en forme d'entonnoir,
pareillement en acier, qui est creusée dans le pied massif de la
table. C'est autour de cet axe que celle-ci peut tourner ; de plus elle
peut être fixée dans quatre positions différentes correspondant à chaque
quart de cercle. Le liquide qui s'écoule est reçu dans un bassin qui
règne autour - du pied, et au bord duquel serpente un tuyau d'eau.
Quatre branches s'élèvent de celui-ci jusqu'à la hauteur de la table
où elles reçoivent des tubes de caoutchouc munis de robinets. Cette
disposition permet d'arroser la table et les préparations avec des filets
d'eau qu'on peut renforcer à volonté.

Une table exactement pareille est disposée dans la salle des autopsies
cliniques. Celle-ci constitue une sorte de « spectatorium » à gradins
entourant en amphithéâtre la table de dissection et où sont ménagées
120 places (voir Pl. XVII). La table des autopsies cliniques est en pleine
lumière : elle reçoit le jour latéralement, par la façade et par en haut ;
elle n'est point de niveau avec le plancher de la salle, mais elle repose
sur un plancher particulier abaissé de 1^m,65, disposition qui offre divers
avantages : entre autres, celui de faire arriver sur la table une lumière
plus fixe et celui d'isoler de la salle de cours l'espace restreint qui règne
autour de la table.

Les gradins ne sont accessibles aux étudiants que par le fond de la
salle. Ceux-ci se tiennent d'ailleurs debout, car l'établissement de bancs
eût exigé une profondeur double. Pour la commodité de la vision, chaque
rang s'élève de deux marches au-dessus du rang précédent, et il est
à remarquer que le dernier rang eût été trop rapproché du plafond,
sans la précaution qu'on a prise de baisser la table de dissection.

Je passe sur les dispositions accessoires, les places ménagées pour les
personnes qui tiennent les registres des autopsies, les armoires, les bassins
d'eau, etc. Le plan indique d'ailleurs suffisamment la destination des
locaux.

L'autopsie étant faite, les cadavres sont livrés à l'institut anatomique, à moins qu'ils ne soient réclamés et rachetés par les familles. Dans ce dernier cas, ils sont habillés par une religieuse et transportés dans la salle d'exposition des morts, au milieu de laquelle on a ménagé un espace isolé, circonscrit par des plantes, et portant un autel. Le public qui est admis n'aperçoit qu'un seul cadavre entouré de fleurs.

Fig. 43. — Institut pathologique de Munich ; façade latérale.

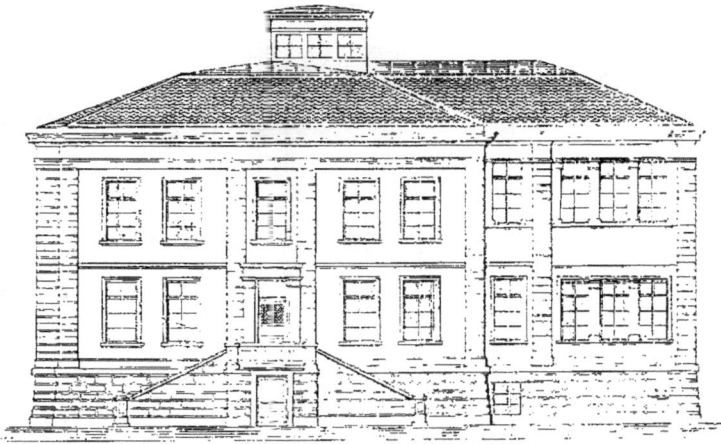

Au-dessus de ces locaux se trouvent, au premier étage, les salles de collection pour l'anatomie pathologique, avec une salle de réserve pour les pièces non classées. Le service de l'histologie pathologique est groupé dans un corps de bâtiment qui avance sur le bâtiment principal de façon à prendre jour de trois côtés, au nord, à l'est et à l'ouest. Il comprend, au rez-de-chaussée, une grande salle de microscopie, au premier étage une grande salle de cours. Le plan (Pl. XVII) et la coupe (fig. 44) montrent la disposition de ces locaux.

La salle de microscopie (1° 10 de la planche XVII et de la fig. 44) peut contenir 50 pratiquants, qui n'y sont admis que pendant la journée, l'expérience ayant démontré que le travail du microscope à la lumière artificielle est nuisible. Trois murs de cette salle sont percés de fenêtres, le quatrième est garni d'un tableau noir, devant lequel trois rangées de tables reçoivent les microscopes. L'extérieure, la plus longue et la plus basse, est en fer à cheval : la moyenne, un peu plus élevée pour qu'elle puisse rece-

Fig. 44. — Institut pathologique de Munich ; coupe transversale ,parallèlement au plan de la figure 43).

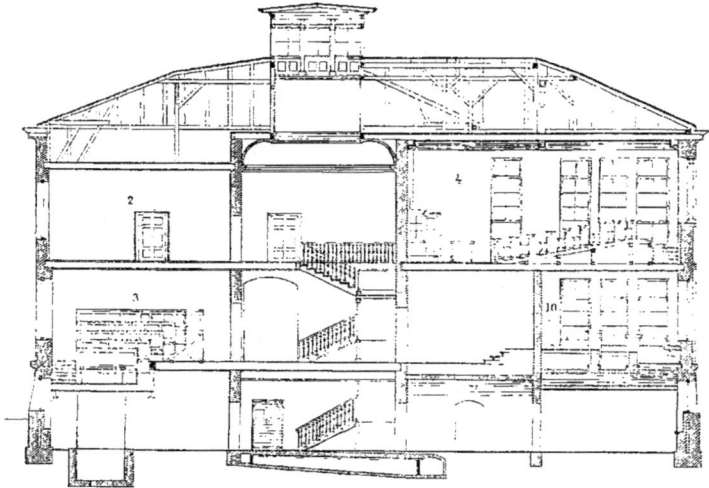

2, musée d'anatomie pathologique. — 3, salle des autopsies cliniques. — 4, grande salle de cours. — 10, salle pour la microscopie.

voir le jour par dessus les têtes des travailleurs qui occupent la première, est pareillement en fer à cheval ; enfin la troisième, encore un peu plus élevée, s'étend devant le tableau noir, qu'on peut lever ou abaisser à volonté. Pour assurer l'immobilité des tables on a encastré dans le mur la première rangée et on a appuyé les deux autres sur des piliers qui reposent eux-mêmes sur une voûte en maçonnerie. Les tables sont construites en bois de chêne massif et contiennent cinquante-deux tiroirs destinés à serrer les microscopes avec les accessoires. La table droite est pourvue, au milieu, d'un bassin d'eau. Deux autres bassins ou cuvettes sont installés dans les deux coins opposés de la salle. De plus, deux tables en fer à cheval sont garnies de rigoles dans lesquelles coule continuellement de l'eau fraîche, à portée des travailleurs.

Les élèves avancés ou les docteurs qui se livrent à des recherhces d'histologie ont à leur disposition, indépendamment des places ménagées dans les laboratoires des professeurs et des assistants, un local particulier situé au premier étage, où dix places sont disposées devant cinq fenêtres (Pl. XVII, n° 6).

Le service de la chimie comprend les locaux suivants : un laboratoire pour l'assistant, un grand laboratoire d'enseignement, une chambre de balance, et une chambre pour les analyses organiques. Le plan indique l'étendue et la disposition de ces locaux dont nous ne pouvons donner ici la description détaillée. Reste la salle destinée à l'expérimentation sur les animaux. Elle est garnie de deux tables, dont l'une reçoit un kymographion et un appareil pour la respiration artificielle, mis en mouvement l'un et l'autre par un moteur Schmidt placé dans la salle même.

Des tables posées devant les fenêtres peuvent recevoir des appareils destinés à des expériences chimiques ou des microscopes pour l'examen histologique des pièces. Trois réduits vitrés, munis de cheminées, servent l'un à des expériences chimiques, l'autre à remplir les éléments des piles, et le troisième à les monter en batterie. Contre l'une des parois s'appuie, protégée par une grille reversible, une pompe de Ludwig pour l'extraction des gaz du sang. A droite, on entre dans la chambre pour l'analyse des gaz, chambre dont les parois sont matelassées de paille pour assurer autant que possible la constance de la température. Le sol est incliné et recouvert de toile cirée, disposition qui permet de recueillir le mercure répandu par terre. Une petite pièce contiguë sert à l'analyse spectrale. A gauche se trouve une salle assez spacieuse (instrumentarium) où l'on conserve les instruments et appareils.

L'amphithéâtre (n° 4 du plan et de la coupe, fig. 44), qui peut contenir

150 personnes, se trouve au premier étage au-dessus de la salle de microscopie. Il est garni de trois rangées de huit bancs qui s'élèvent sur un plan incliné jusqu'à une hauteur de 1. mètre et sans marches. Le plan (Pl. XVIII) indique d'ailleurs clairement la disposition de cet amphithéâtre.

INSTITUT HYGIÉNIQUE DE MUNICH

Dans le voisinage de l'institut pathologique que nous venons de décrire s'élève l'institut hygiénique qui a été inauguré en novembre 1878. Nous avons exposé plus haut (page 28) les vues qui ont dirigé son fondateur, M. M. Pettenkofer, et que le gouvernement bavarois s'est empressé de réaliser, précédant ainsi les pays voisins dans une voie qui ne tardera pas à être suivie.

Fig. 45.

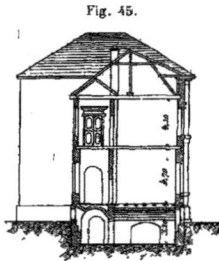

L'institut hygiénique de Munich s'élève sur un terrain d'environ 1,200 mètres carrés et ayant la forme d'un trapèze. Il comprend un sous-sol, un rez-de-chaussée, un premier étage, et sa façade se développe sur deux rues qui se rencontrent sous un angle légèrement aigu. La coupe (fig. 45) donne une idée de l'élévation des deux étages. Le sous-sol bien éclairé comprend un logement pour le concierge, des caves, des magasins et d'autres pièces pouvant servir pour des travaux grossiers.

Le rez-de-chaussée comprend les laboratoires, dont la destination est indiquée sur le plan, deux chambres de balances, des cabinets de travail pour le professeur et les assistants, un atelier mécanique et des salles de collections.

Plan du 1ᵉʳ étage.

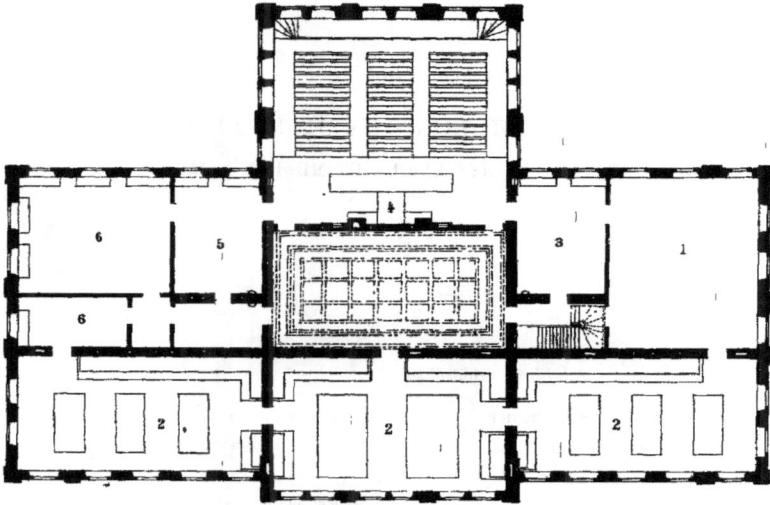

INSTITUT HYGIÉNIQUE DE MUNICH.

Plan du sous-sol.

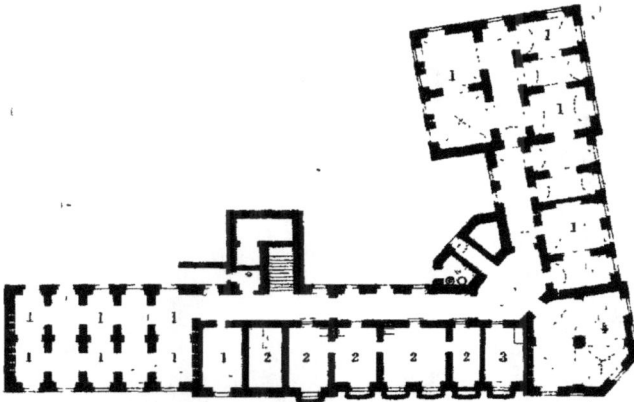

INSTITUT PATHOLOGIQUE DE MUNICH
ET INSTITUT HYGIÉNIQUE DE MUNICH

———

PLANS

———

LÉGENDE

INSTITUT PATHOLOGIQUE DE MUNICH	INSTITUT HYGIÉNIQUE DE MUNICH
PREMIER ÉTAGE.	PLAN DU SOUS-SOL.

	INSTITUT PATHOLOGIQUE		INSTITUT HYGIÉNIQUE
1	Pièce réservée.	1	Caves.
2	Musée d'anatomie pathologique.	2	Logement du concierge.
3	Cabinet du directeur.	3	Cave.
4	Salle de cours.	4	Magasin.
5	Cabinet du professeur de pathologie comparée.		
6	Laboratoire d'histologie pathologique.		

Plan du rez-de-chaussée

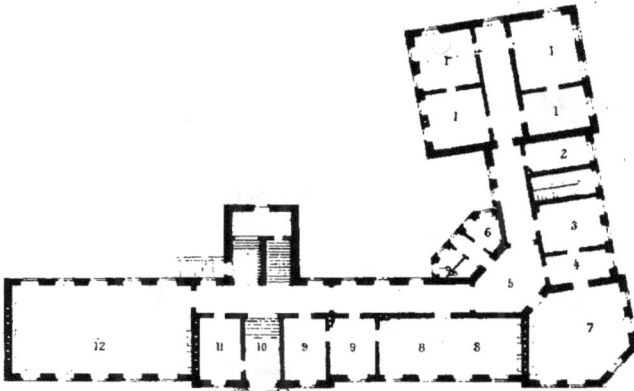

INSTITUT HYGIÉNIQUE DE MUNICH

Plan du 1ᵉʳ étage

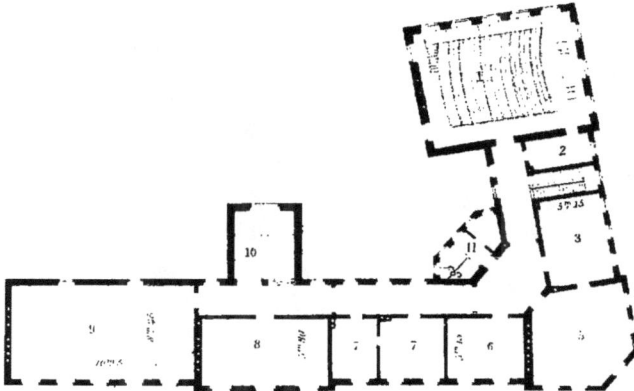

INSTITUT HYGIÉNIQUE DE MUNICH

PLANS DU REZ-DE-CHAUSSÉE ET DU PREMIER ÉTAGE

LÉGENDE

REZ-DE-CHAUSSÉE.

1 Salles pour la conservation des préparations, ustensiles et appareils.
2 Atelier mécanique.
3 Cabinet du directeur.
4   — de l'assistant.
5 Vestibule.
6 Urinoirs.
7 Laboratoires.
8 Laboratoire du directeur et des assistants.
9 Chambre de balances.
10 Entrée.
11 Vestiaire.
12 Laboratoire pour 12 médecins.

PREMIER ÉTAGE.

1 Amphithéâtre.
2 Cabinet du professeur.
3 Bibliothèque.
4 Vestibule.
5 Laboratoire pour les expériences physiques.
6 Directeur.
7 Logement de l'assistant.
8 Petite salle de cours.
9 Salle de collection.
10 Escalier.
11 Cabinet.

Au premier étage nous trouvons deux salles de cours, dont l'une pour 150 auditeurs, une grande salle de collections, un laboratoire de physique, une salle d'attente, une chambre pour le directeur et un logement pour l'assistant.

FIN

G. MASSON, ÉDITEUR

Bulletin de la Société chimique de Paris. — Comprenant le procès-verbal des séances, les Mémoires présentés à la Société, l'analyse des travaux de chimie pure et appliquée publiés en France et à l'étranger, la revue des brevets, etc.

Le *Bulletin de la Société chimique* paraît le 5 et le 20 de chaque mois.

Chaque numéro se compose de trois feuilles in-8°, formant, chaque année, 2 volumes d'environ 600 pages.

Prix de l'abonnement annuel : Paris, 20 fr. ; Départements, 22 fr.

La Nature. *Revue des Sciences et de leurs applications aux arts et à l'industrie.* — Journal hebdomadaire illustré. Rédacteur en chef M. Gaston TISSANDIER. *La Nature* paraît tous les samedis par livraisons de 16 pages grand in-8° jésus, richement illustrées et avec une couverture imprimée. Chaque année de la publication forme 2 beaux volumes grand in-8°.

Prix de l'abonnement annuel : Paris, 20 fr. ; Départements, 25 fr.

La grande industrie chimique. Traité de la fabrication de la soude et de ses branches collatérales. Édition française par G. LUNGE, professeur de chimie industrielle à l'École polytechnique de Zurich, ancien manufacturier, et J. NAVILLE, ancien élève de l'École polytechnique de Zurich.

Tome I. **Acide sulfurique.** 1 vol. gr. in-8°, avec 312 figures dans le texte et 7 planches hors texte.

Tome II. **Sulfate de soude.** — **Acide chlorhydrique.** — **Soude brute.** 1 vol. gr. in-8 avec 195 figures dans le texte et 6 planches hors texte.

Tome III. **Sel de soude. Chlorure de chaux.** — **Sulfate de potasse.** Devis et statistique. 1 vol. grand in-8 avec 217 figures dans le texte et 3 planches hors texte.

Les 3 volumes brochés, 54 fr. ; cart., 60 fr.

Chaque volume est vendu séparément : broché, 18 fr. , cartonné, 20 fr.

Leçons de chimie élémentaire, appliquée aux arts industriels, par M. J. GIRARDIN, recteur honoraire, directeur de l'École supérieure des sciences de Rouen. 6ᵉ édition, entièrement refondue, avec plus de 1.700 figures dans le texte, publiée en cinq volumes dont chacun est vendu séparément. Prix de l'ouvrage complet... ... ... 50 fr.

Relié demi-maroquin... ... ... 60 fr.

Tome I. **Métalloïdes.** 1 vol. in-8 de 507 pages, avec 331 figures dans le texte... ... ... 8 fr.

Tome II. **Métaux.** 1 vol. in-8 de 686 pages, avec 393 figures dans le texte... ... ... 11 fr.

Tome III. **Principes immédiats et industries qui s'y rattachent. Matières alimentaires et boissons fermentées.** 1 vol. in-8 de 616 pages, avec 353 figures dans le texte... ... ... 10 fr.

Tome IV. **Matières textiles et matières tinctoriales.** 1 vol. in-8 de 536 pages, avec 212 figures, 47 échantillons dans le texte et une planche en couleur... ... ... 13 fr.

Tome V. **Matières animales et fonctions organiques.** Supplément aux cinq volumes. 1 vol. in-8, avec figures dans le texte... ... ... 10 fr.

Corbeil. Typ. et stér. CRÉTÉ.

www.ingramcontent.com/pod-product-compliance
Lightning Source LLC
Chambersburg PA
CBHW050122210326
41519CB00015BA/4071